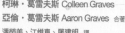

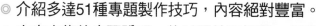

CONTENTS

R.U. Still a CYBERPUNK?

不老賽博龐克 28

封面故事:

梅麗莎‧拉穆爾克斯(makershare. com/portfolio/melissa-lamoreaux) 是一位每天仍生活於賽博龐克美學中的 Maker。她來自洛杉磯,目前居住於舊 金山灣區,教導兒童程式設計和機器人。 在她的閒暇之餘,她會打造用來照顧植物 的科技裝置,並協助他的朋友解決技術挑 戰。她之前曾經當過阿努克‧薇普荷希特 3D列印洋裝的模特兒。

攝影:赫普‧斯瓦迪雅
模特兒:梅麗莎‧拉穆爾克斯 (dirtgeist.com)
攝影助理:佩德拉姆‧納維德和椎名希純
造型:布萊恩‧福特(instagram: @BT4D)
拍攝地點: American Steel Studios
字體(英文版):胡安‧霍奇森

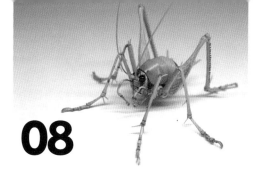

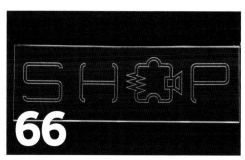

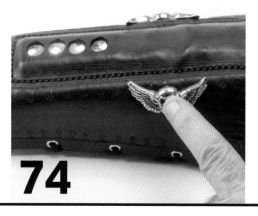

Hep Svadja, Juan Hodgson, Noriyuki Saitoh, courtesy of Les Machines, Mojang, Ashley Qian, Rachel "Konichiwakitty" Wong, Tim Deagan

Make:®

國家圖書館出版品預行編目資料

Make：國際中文版／MAKER MEDIA 作；Madison 等譯
-- 初版. -- 臺北市：泰電電業，2018. 9　冊；公分
ISBN：978-986-405-058-1　（第 37 冊：平裝）

1. 生活科技
400　　　　　　　　　　　　　　　　　　　107002234

EXECUTIVE CHAIRMAN & CEO
Dale Dougherty
dale@makermedia.com

EDITORIAL

EDITORIAL DIRECTOR
Roger Stewart
roger@makermedia.com

EXECUTIVE EDITOR
Mike Senese
mike@makermedia.com

SENIOR EDITORS
Keith Hammond
khammond@makermedia.com
Caleb Kraft
caleb@makermedia.com

BOOKS EDITOR
Patrick Di Justo

EDITOR
Laurie Barton

PRODUCTION MANAGER
Craig Couden

EDITORIAL INTERN
Jordan Ramée

CONTRIBUTING EDITORS
William Gurstelle
Charles Platt
Matt Stultz

CFO & COO
Todd Sotkiewicz
todd@makermedia.com

DESIGN, PHOTOGRAPHY & VIDEO

ART DIRECTOR
Juliann Brown

PHOTO EDITOR
Hep Svadja

SENIOR VIDEO PRODUCER
Tyler Winegarner

MAKEZINE.COM

ENGINEERING MANAGER
Jazmine Livingston

WEB/PRODUCT DEVELOPMENT
David Beauchamp
Sarah Struck
Alicia Williams

Make：國際中文版37
（Make：Volume 62）

編者：MAKER MEDIA
總編輯：顏妤安
主編：井楷涵
編輯：潘榮美
網站編輯：偕詩敏
版面構成：陳佩娟
部門經理：李幸秋
行銷主任：莊澄蓁
行銷企劃：李思萱、鄧語薇
業務副理：郭雅慧
出版：泰電電業股份有限公司
地址：臺北市中正區博愛路76號8樓
電話：（02）2381-1180
傳真：（02）2314-3621
劃撥帳號：1942-3543 泰電電業股份有限公司
網站：http://www.makezine.com.tw
總經銷：時報文化出版企業股份有限公司
電話：（02）2306-6842
地址：桃園縣龜山鄉萬壽路2段351號
印刷：時報文化出版企業股份有限公司
ISBN：978-986-405-058-1
2018年9月初版　定價260元

版權所有‧翻印必究（Printed in Taiwan）
◎本書如有缺頁、破損、裝訂錯誤，請寄回本公司更換

Vol.38 2018/11 預定發行
www.makezine.com.tw
更新中！

WELCOME

預測大未來
Predicting the Future

文：麥克‧西尼斯（《MAKE》雜誌主編）　譯：編輯部

你不一定要成為一個科技迷才能當Maker，但這有一定部分重疊：對所有類型的工具和技術的新發展著迷，並且渴望將它們用在專題中。對我們的員工而言，每次所規劃的《MAKE》當期主題中都包含了對探索社群所發現並採用的最新趨勢的興奮感──在本期主題中更是如此，從計算、通訊到加密貨幣，聚焦不可不知的最新科技（請見P.22〈科技新潮〉一文）。要預測哪項精心研究將會變成可行的產品很困難，但我們已經準備好挑戰。

沿著這些方向，從來沒有任何一個團體像賽博龐克社群這樣技術新穎，他們在80年代末期／90年代初期開疆闢土，現在則迎來美學和概念上的再興。我們透過重現來自有影響力的科技雜誌《Mondo 2000》中，具開創性的〈你是賽博龐克嗎？〉（R.U. a Cyberpunk）這張海報來造訪當時的情景，並將其更新以反映現今的科技（P.28）。我們從那裡進入DIY間諜和駭客的領域，並在本次的特輯中滿滿收錄如何打造奇怪小裝置、在廢棄物中進行零件尋寶，以及讓你整裝成為新一代007的實作點子等內容。祝你玩得愉快──只是千萬別犯法啊！

國際中文版譯者

Madison：2010年開始兼職筆譯生涯，專長領域是自然、科普與行銷。

Skylar C：師大翻譯所口筆譯組研究生，現為自由譯者，相信文字的力量，認為譯者跟詩人一樣，都是「戴著腳鐐跳舞」，樂於泳渡語言的汪洋，享受推敲琢磨的樂趣。

七尺布：政大英語系畢，現為文字與表演工作者。熱愛日式料理與科幻片。

屠建明：目前為全職譯者。身為愛丁堡大學的文學畢業生，深陷小說、戲劇的世界，但也曾主修電機，對任何科技新知都有濃烈的興趣。

張婉秦：蘇格蘭史崔克萊大學國際行銷碩士，輔大影像傳播系學士，一直在媒體與行銷界打滾，喜歡學語言，對新奇的東西毫無抵抗能力。

曾筱涵：自由譯者，喜愛文學、童書繪本、手作及科普新知。

劉允中：畢業於國立臺灣大學心理學研究所，喜歡文字與音樂，現兼事科學類文章書籍翻譯。

蔡宸紘：目前於政大哲學修行中。平日往返於工作、戲劇以及一小撮的課業裡，熱衷奇異的搞笑拍子。

蔡牧言：對語言及音樂充滿熱情，是個注重運動和內在安穩的人，帶有根深蒂固的研究精神。目前主要做為譯者，同時抽空拓展投資操盤、心理諮商方面能力。

謝明珊：臺灣大學政治系國際關係組碩士。專職翻譯雜誌、電影、電視，並樂在其中，深信人就是要做自己喜歡的事。

平價3D印表機與教育推手
Budget Printers and Encouraging Educators

譯：劉允中

chiquimakers
ChiquiMakers

10 likes

chiquimakers Construyendo robots de papel 🤖😀😄😁😎 #Makers #makey @makemagazine #SomosMakers #ILoveRobotics #bucaramanga #colombia #VacacionesRecreativas

4 HOURS AGO · **SEE TRANSLATION**

未來學校圖書館

我住在維吉尼亞州的弗雷德里克斯堡，是一位圖書館員。我在圖書館設立了一個 Makerspace，至今已超過四年。在此，我想要對《MAKE》雜誌表達感謝之意，你們提供了豐富的資源。我們的計劃「Make It... Awesome!」（絕妙自造）是 Maker Camp 的附屬會員，我帶著學生們製作專題，他們的成果也會在聚會中展出。另外，我和學生們也參加了好幾次附近辦的 Maker Faire，和大家分享專題成果。我們都是《MAKE》雜誌的忠實訂戶，除了參考雜誌內容外，也會利用其他相關資源來發想新的專題。身為教育從業人員，我覺得《MAKE》雜誌真的提供了很多訊息，讓我可以和學生分享。我在經營圖書館時，聚焦於開發學生的創造力，這個理念多少也來自《MAKE》雜誌。我後來因此得到維吉尼亞學校圖書館員協會年度圖書館員獎，最近還到華盛頓特區接受美國廣播公司（American Broadcasting Company，ABC）的訪問，跟他們聊我得到的獎跟我的圖書館計劃（makezine.com/go/sekinger）。

——納坦·塞金哲，
弗雷德里克斯堡，美國維吉尼亞州

不喜歡平價印表機？

在〈桌上數位製造終極指南2018〉當中，我發現最便宜的印表機也要500美元。我有點不懂取捨的點在哪裡，是因為拿不到測試用的機器，還是價格便宜的印表機表現差強人意，還是有什麼我不該知道的理由嗎？

——羅伯·佩吉，
麥迪遜市，美國威斯康辛州

數位製造編輯麥特·史特爾茲回應：

嗨，羅伯！謝謝你的來信。或許你沒有注意到清單中的 Monoprice Select Mini，價格落在220美元，還贏了最佳價格（Best Value）徽章，另外，我覺得 Prusa i3 也是很棒的選擇，不但功能齊全，背後有很活躍的社群，也非常適合改造。這一款印表機在過去兩年都獲得我們的最佳總成績大獎，MK2S套件也才599美元。在這一系列的文章當中，我們希望納入更廣的選擇，下一次我們會特別留意加入一些物美價廉的型號。◐

Chiqui Makers, Hep Svadja

MADE
ON EARTH

綜合報導全球各地精采的DIY作品

跟我們分享你知道的精采的作品
editor@makezine.com.tw

譯：蔡宸紘

雕蟲絕技

TAKE64.WIXSITE.COM/MUSI

　　第一眼看見**齋藤德幸（Noriyuki Saitoh）**的昆蟲創作時，你整個人會立刻縮起來，如同真的看到螫人黃蜂或腳上有刺的蚱蜢靠近一樣。每件作品之細緻和逼真，不禁讓人認為昆蟲的生命潛入了這些看似竹製的藝術品。然而再定睛一瞧，就會發現它們確實是手工藝品。

　　這位五十歲的日本藝術家已經投入昆蟲木雕十年了。他都是按照真實尺寸製作這些竹蟲們（代表它們相當地小），顯露出齋藤運用這素材的巧妙手腕和創意：每段精緻的節肢都以逼真的關節連接、講究的蟲翅紋理及薄膜、纖細的觸角收束至尖端的細節。這些生物各成獨立的姿態，可能靜止在枝枒上，或是凝結在行動的瞬間：築巢中的虎頭蜂、搬運樹葉的切葉蟻，或正準備享用蝴蝶大餐的螳螂。

　　齋藤在創作昆蟲時，使用的工具組與業餘愛好者相彷，像是X-Acto筆刀、精密鑷子和烙鐵等等。齋藤的昆蟲作品種類廣泛，不過他提到自己對其中一類昆蟲情有獨鍾：「做螳螂的時候最有趣了。」

——麥克・西尼斯

譯：蔡宸紘

生龍活虎的岩石

MCCALLISTERSCULPTURE.COM

無數的神獸和神靈們在燥熱的亞利桑那州棲息著。它們是**萊恩·麥卡利斯特（Ryan McCallister）**創作的塑像。他將金屬焊接做成塑像的外骨骼，再用溪石填成它們的骨肉。

麥卡利斯特說：「我是從石籠（gabion），也就是用溪石圍起的石牆上，得到的靈感。這些分布在鳳凰城與斯科茨代爾地區的石籠是用來造景或是當公廁牆面使用。我認為這是很好的素材，大家卻沒有充分利用。」

在天使谷地區，麥卡利斯特製作和販售手工飾品、雕像和金工藝品。他第一個使用溪石創作的塑像，是北歐神話中的耶夢加德（Jörmungandr），牠是一隻巨毒海蛇，也是雷神索爾的勁敵。之後他也陸續製作了米諾陶洛斯（Minotaur）和獅鷲（griffin）等許多生物。

「我發現每當投入新的專題時，為了實現腦袋裡的構想，都要解決一些難題」他說道，「因此每次創作都是一次新的學習。但其實最困難的，還是要如何讓作品提升到更高的境界。我想成功捕捉人們的想像、讓人們注意到作品背後的工藝技術。同時，也讓我自己能夠和其他運用金屬素材的創作者有所區別。」

——喬丹·瑞米

Ryan McCallister

Gabriel Schama

譯：蔡宸紘

雷射切割
優美曲線

EARTHGABRIELSCHAMA.COM

加百列・沙瑪（Gabriel Schama）
在加拿大奧克蘭定居和工作，沙瑪
都使用「艾爾希（Elsie）」（他
幫自己的雷射切割機取的暱稱）進
行精美的雕刻設計。「我大學就讀
藝術和建築。藝術從小就是我的嗜
好、執迷以及才華所在。」沙瑪説
道，「在我以藝術家身分起家前，
曾在不同的建築金屬配件製造業和
木匠工作室工作過」，他接著説：
「所以我之前就已習得許多與現在
從事的工作相關的技術。然而，我
是直到自己買了一臺雷射切割機，
才實際開始運用這個器材。」

儘管沙瑪也會手繪，但為了追求
作品的專業，避免花掉多餘的工作
時數畫出對稱圖形，還是會使用數
位工具繪圖。他説：「在產量方面，
火力全開時，我能在一天內完成一
到三件作品，不過也視作品尺寸而
定。」

沙瑪近期雖然沒有任何展出，但
他正和一位刺青藝術家進行一場
有趣的藝術交換。『Two Spirit
Tattoo』的羅克斯（Roxx）和我
有珍貴的友誼」。他説，「基本上
她可以自由在我的皮膚上做任何創
作；做為交換，我也會在她工作室
全白的牆面上，進行一系列大規模
的雷射切割工程。」

——喬丹・瑞米

譯：蔡宸紘

轉動時間之輪

USERS.HUBWEST.COM/HUBERT/
CLOCK/CLOCK.HTML

**修伯特・凡・赫克（Hubert van
Hecke）**的女婿有次向他提到自己
的單車商店正在找尋藝術合作專
題，於是凡・赫克就決定推出一項
玩轉時鐘的創作。

之後，一座無框時鐘於焉誕生，
靠著持續運轉的單車零件精準又炫
目地進行報時。這個設計捨棄外
框，改利用重物維持鏈子的張力，
讓整組機構在擺盪之間呈現時光的
流逝。光看就令人著迷。

凡・赫克在自學簡易木工和金工
技術時展現了自己的才華。他說：
「我從小就開始接觸時鐘了。我從
好幾年前就有這種不需要外框和齒
輪、只用鏈子和重力的設計構想
了。」

他決定使用單車的零件打造比一
般時鐘更大型的專題。「很難估計
這專題花了我多少時間」，凡・赫
克說：「我都是在週末空閒時動工，
工程時間橫跨了數個月，真正的工
時加總大概是五個週末吧。」

凡・赫克也提到，他大多都依循
同樣的模式打造他的專題：「通常
我會隨手打個簡易的草稿，設計的
細節也就立刻隨之而解。」

——喬丹・瑞米

Hubert van Hecke

MECHANICAL
Masterminds

機械巨匠

令人驚奇不斷的「機械島」
（Les Machines de l'Ile）
將加入一位新成員──
一棵高聳、藏滿驚喜的巨樹

文：紀堯姆・格哈萊　譯：蔡牧言

紀堯姆・格哈萊　Guillaume Grallet
法國《焦點》（暫譯）（Le Point）雜誌的創新及科技
新聞記者，長期走訪美國、亞洲、和非洲地區二十
年之久，高度關注 Maker 潮流。他訪問過的人很多，
其中包括伊隆・馬斯克（Elon Musk）、謝爾蓋・布
林（Sergey Brin）、琪拉・拉丁斯基（Kira Radinsky）、
和蕾貝卡・埃儂康（Rebecca Enonchong）等等。

Ajari

想在生活中獲得震撼體驗的你，來法國西部的南特（Nantes）就對了。抵達後轉搭輕軌1號線，於造船廠站（Chantiers Navals）下車。步行越過河流後，你就會進入一個充滿驚奇的新世界。結合工業藝術與各種新奇的創作，隨處都可發現尤爾·凡爾納（Jules Verne）、達文西及英國插畫家希斯·羅賓森（Heath Robinson）的影子。歡迎來到「南特機械島」（Les Machines de l'Ile de Nantes）。

在一間堪比馬廄的大倉庫「機械藝廊」（Galerie des Machines，取1990年巴黎世界博覽會場館之名），一隻身長40英尺的惡龍虎視眈眈。還有一隻4層樓高、重達47噸的巨象，可以邊用背上的階梯看臺載著多達50個人，邊用鼻子朝遊客噴水。你也可以搭上巨型的機械蜘蛛或其他酷炫的裝置，讓牠們帶你遊覽園區，進入獨特刺激的歷險。

抬起頭來，你會發現「蒼鷺之樹」（Heron Tree／L'Arbre aux Hérons）的枝條，是在2007年機械島建造之初製作的原型，用以測試機械結構的穩固及安全性。它那從藝廊伸出並越過園區上方的枝條，事實上是另一項專題的開端：一座直徑164英尺、高度100英尺的金屬建物，其上充滿了各種有趣的互動裝置，預計於2022年完工。

Jean-Dominique Billaud, Fourrure, Franck Tomps

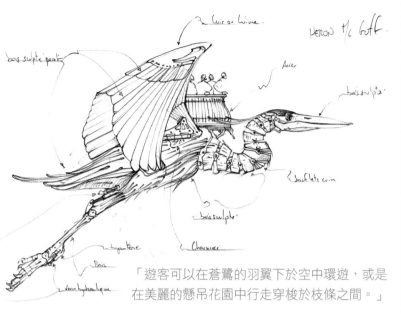

「遊客可以在蒼鷺的羽翼下於空中環遊，或是
在美麗的懸吊花園中行走穿梭於枝條之間。」

皮耶爾・奧荷菲斯（Pierre Orefice）和弗宏索瓦・德拉霍齊耶（François Delaroziere），是機械島官方代表的兩位主要共同作者。皮耶爾過去是瑪瑙斯協會（Manaus Association）的藝術總監，設計城市空間中的表演活動。他也是一項稱作「92號貨輪」（Cargo 92）活動的共同策劃人，此活動邀請 Royal de Luxe（皇家頂級）大型木偶劇團和 Mano Negra 樂團一同乘船，沿拉丁美洲海岸各地進行短期駐地表演。皮耶爾說：「我們心懷哥倫布的冒險精神。」

出生於馬賽（Marseille）的弗宏索瓦，長期帶領他的公司「機械」（La Machine）執行各式各樣的專題。（該公司起初為機械島計劃而創辦，至今則是此計劃主要的設計製作團隊。）例如2014年的「龍馬」（Long Ma），是為慶祝中法建交50週年而創作的機械神獸。他設計過「微機械餐廳」（Le Dîner des Petites Mécaniques），讓服務員利用各種小型機械裝置服務客人；也發明了一隻50英尺高的機械蜘蛛「公主」（La Princesse），於2008年在利物浦亮相。透過他的創作，機械島在南特寫下了奇幻的動物寓言。

在機械島的玻璃辦公室裡，擺著一架1900年代後期飛機的複製品。皮耶爾解釋：「我們想向那些打造史上第一批飛行機器的冒險家們致敬，他們當中有超過一半的人都在過程中犧牲了。」辦公室附近是一片小雨林，裡面養了各種食蟲

群策群力

「蒼鷺之樹」的工程象徵長年失落的機械工藝與工作機會重獲新生。這項創作集合了超過20種職業，其中包括：設計師、畫家、鑄造工、焊接工、家具師傅、雕刻家、木匠、鞋匠、計算機科學家、電子技師等等，完成整個工程需要至少200人的參與。

弗宏索瓦說：「我們就像在創作音樂一樣。」他為專題踏出第一步後，團隊成員就接著加入工作行列。他說：「每個人都會為專題貢獻各自的專業技術。我們的機械將會充滿生命力！」

伊夫・霍洛（Yves Rollot）的專業貢獻至關重要，這位自動化工程專家曾於巴黎第六大學（Université Pierre et Marie Curie）取得機器人學博士學位，本次將主導蒼鷺之樹的自動化技術。大衛・薩爾維耶羅（David Salviero）和伊曼紐・布爾若（Emmanuel Bourgeau）則負責雕刻的部分。

吉萊・德蓋希（Guislaine Deguerry）負責色彩設計，而貝特蘭・比德（Bertrand Bidet）將負責活動期間機械需用的液壓技術。艾洛帝・利納何（Elodie Linard），ICAM公司工程師，則負責整體行政執行。

「我們目前主要的研究方向為公共空間中的動態與表述。」弗宏索瓦表示。「我們正嘗試刻劃出未來都市的樣貌。」

> 「我們目前主要的研究方向為公共空間中的動態與表述。」弗宏索瓦表示。
> 「我們正嘗試刻劃出未來都市的樣貌。」

植物。而在距離倉庫不遠處，有一座「海底世界旋轉樂園」（Carrousel des Mondes Marins），於2012年開幕、一次可容納300名遊客，且各層樓皆有不同的互動設施。在這棟三層樓的建物中，來自世界各地、令人毛骨悚然的海洋生物以雕塑的形式在此呈現。你可以騎在機械海洋動物身上，或是登上大型旋轉設施，然後操控裡面的傀儡鮟鱇魚。

島上亦展示一幅巨大的插畫，向遊客說明蒼鷺之樹專題。2022年於底尚特奈（Bas Chantenay）地區落成後，將讓當地邁開嶄新的一步；此地本來是花崗岩採石場，現在成為獨特的天然圓形劇場。這棵龐大的樹預計耗資3,500萬歐元，機械島團隊打算於Kickstarter平臺募集部分資金。屆時蒼鷺之樹上將分為22個區域、共可容納450名遊客，還會有懸吊的空中花園和各種機械昆蟲，而樹幹內部則設有雙螺旋樓梯，供遊客前往各層枝條。

在這棵重達千噸的鋼鐵樹木頂端，將有兩隻身長50英尺的機械蒼鷺，遊客可搭著牠們遨遊天際。機械蒼鷺一次可承載23名遊客，於離地150英尺的高空停留五分鐘，鳥瞰整座南特島和羅亞爾河（Loire）。

為什麼是蒼鷺呢？弗宏索瓦回答：「我想做能夠代表南特當地的作品。遊客可以在蒼鷺的羽翼下於空中環遊，或是在美麗的懸吊花園中行走穿梭於枝條之間。」蒼鷺之樹將會使南特尚特奈採石場的一隅化為成為世上最漂亮的城市花園之一。●

來自皮耶爾和弗宏索瓦的訊息

各位親愛的Maker們，「蒼鷺之樹」專題可說是藝術、科技、與工業的一場豪賭。我們不能獨占這趟冒險。我們應該將它分享，分享給你們！

Kickstarter不論在南特還是世界各地都是強而有力的工具，我們可以透過它向你分享這個四年計劃的每一則進度更新。從弗宏索瓦最新的素描、到我們在尚特奈採石場組裝22根枝條的照片，我們分享得愈多，這個專題就會愈強大。

蒼鷺之樹總共需耗資3,500萬歐元。其中三分之一開放給私人公司贊助，但我們仍需要你的協助。做為交換，我們會提供非常棒的回禮。我們的Kickstarter募資期間為3月6日至4月17日。（中文版編註：原文日期為2018年，現已停止募資。）

在此先向你們致謝。
弗宏索瓦·德拉霍齊耶、皮耶爾·奧利菲斯 敬上

UNE CITÉ DANS LE CIEL
L'ARBRE AUX HÉRONS

蒼鷺之樹美術概念圖。

Prototyping Lab

第2版 | 「邊做邊學」，Arduino的運用實例

令人期待已久的
Arduino實踐指南
最新**第2版**！

>> 35個立刻能派上用場的「線路圖+範例程式」，以及介紹了電子電路與Arduino的基礎

>> 第2版追加了透過Bluetooth LE進行無線傳輸以及與網路服務互動的章節，也新增了以Arduino與Raspberry Pi打造自律型二輪機器人的範例；最後還介紹許多以Arduino為雛型、打造各種原型的產品範例。

誠品、金石堂、博客來及各大書局均售

馥林文化 www.fullon.com.tw f《馥林文化讀書俱樂部》🔍

定價：**680**元

農村廣播電臺
RootIO
開源套件組協助
社群建立在地
小型廣播電臺

Rural Radio

文：雪波‧沙巴拉拉　譯：謝明珊

雪波‧沙巴拉拉
Tshepo Tshabalala
journalism.co.za（南非金山大
學新聞網）和 JAMLAB Africa
（非洲新聞與媒體實驗室）網路
編輯，現攻讀史泰倫伯斯大學
（Stellenbosch University）新聞
學碩士學位。擁有哲學、政治學
和經濟學碩士學位，曾受雇於路
透社、富比士非洲版和南非商業
日報。

JAMLAB 非洲新聞與媒體實驗
室（jamlab.africa）是由金山大
學新聞學系、希摩隆共數位創
新區（Tshimologong Digital
Innovation Precinct）、瑞爾森
大學（Ryerson University）以及
人權記者組織（JHR）協作的計劃。
JAMLAB 支持創新人士將新資訊、
新理念和新對話帶給非洲的新受
眾。

　　一直以來，廣播在非洲大陸大多數地區都是強而有力的傳播媒體。廣播不只可以分享在地的資訊，而且成本低又方便收聽。

　　在烏干達，廣播的影響力結合全新行動網路技術，催生了這組平價而強大的開源套件，讓各個社群可以建立自己的小型廣播電臺。所需配備只要便宜的智慧型手機和發射器，以及社群願意分享、宣傳與合作製作動態消息的心。

社群串連

　　RootIO 試圖動員他們所謂的「跨社群溝通」，創辦人之一克里斯‧契克森米哈易（Chris Csikszentmihalyi）表示，這個概念在 2010 年海地大地震之後出現，當時 FM（調頻）廣播主流內容改變，從一般廣播節目變成提供地震資訊，教地震災民如何找到水源，以及可以從何處尋求協助。大約一年半之後，契克森米哈易來到烏干達與聯合國兒童基金會（UNICEF）合作教育計劃，他對烏干達人的手機使用習慣感到訝異──他們很少用來打電話。

　　他說：「農村居民的手機很久沒有儲值，或者根本沒有儲值點數，但依然可以全天候收聽廣播。我當時所待的村莊，居民大約要走路七公里，才能夠為手機充電和儲值，但可能只用來打一通電話。所以打電話不是常態，除非有必要才會打電話。我當時心想：『有沒有什麼前所未有的方式，可以結合這兩樣東西呢？』」

　　他在聯合國兒童基金會做事時，遇見了在烏干達電信（Uganda Telecom）工作的祖德‧姆庫恩達內（Jude Mukundane），姆庫恩達內正攜手聯合國兒童基金會，為烏干達政府研發以手機為基礎的出生登記系統，他利用非結構化補充服務資料（USSD），做一些有趣手機應用。契克森米哈易說：「我那時候就想聘雇他，大約一年後，他準備好了。」

　　「於是我們決定改變廣播的形式，使廣播結合手機後有更好的發揮，讓民眾更容易跟廣播互動。就是在那時候想出了 RootIO。」契克森米哈易說道。

烏干達的 RootIO 廣播塔。

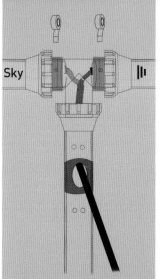

水桶裡的 RootIO 廣播電臺。

於是，姆庫恩達內擔起技術長一職，契克森米哈易在處理雜務之餘專心募款。

姆庫恩達內說：「我要確保技術面能符合社群的期待。」

非典型科技

正是他所提到的技術面，令這些廣播電臺獨一無二。不需要播音室，所有節目都是透過主持人的手機完成。

這是怎麼辦到的？使用者可以在當地市場買到所有材料。將小型發射器置於防水的桶子裡，搭配風扇、充電控制器及智慧型手機，手機則連接天線和太陽能板。

這個廣播電臺非常小，卻可以服務一整個村莊或數個村莊，相當於觸及一萬個聽眾。

廣播主持人所產製的內容會儲存在雲端供電臺分享。

契克森米哈易表示：「我們的電腦會撥號給廣播電臺和主持人，只要到了節目播放的時間，電臺的電話會自動接聽，任何想參與節目討論的聽眾，都可以打電話進來，但系統會先掛斷電話再回撥，這樣聽眾就不用付費。」

所有社群使用者都不用付費。RootIO 以大宗企業費率方案購買數據，大約比社區個人用戶申請價格便宜50倍。RootIO 藉由販賣廣告給非政府組織和企業的收益打平成本。

聯合起來

兩年前，這個團隊只有四個廣播電臺，如今在烏干達東部跟肯亞的邊界，他們接案經營了12到15個電臺，在維德角（Cape Verde）也接案經營了5到7個電臺。

契克森米哈易補充道，他們經營 RootIO 是損益兩平，就連使用的軟體也在 GitHub 免費提供大家開源使用，任何人都可以下載使用。

契克森米哈易和姆庫恩達內希望建立更多便宜低功耗的 FM 廣播電臺，讓最需要的人親自管理自己的電臺。 ◐

打造天線

學習如何以農業用水管製作低功耗的FM發射器天線，參見 instructables.com/id/Low-Power-FM-Transmitter-Antenna-From-Agricultural

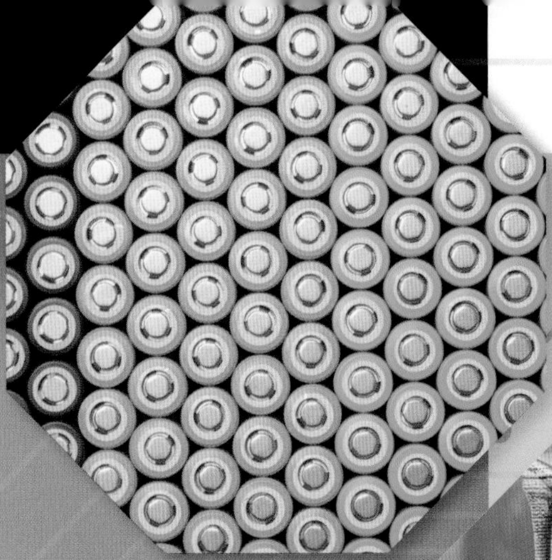

TECH
科技新潮
Trends

持續關注新興科技，融入專題應用

文：《MAKE》編輯部　譯：Skylar C

許多高科技對於一般的Maker們來說還是太昂貴太艱澀了。但如今，理論研究運用於商業製造的速度比以往都來得快，這意味著熱門的新技術正在投入Maker們的懷抱。以下是我們非常看好的一些發展：

電池電源

　　傳統AA電池請閃邊──**18650鋰離子充電電池**已成為新的標準配備。這種電池可以單獨使用輸出4.2V電壓，或連接組合成更大的電池。事實上，特斯拉電池組之前就一直由數千個18650鋰離子電池所組成，直到最近，與Panasonic共同開發**特斯拉新2170電池**，主打更高能量密度。

　　研究人員亦在測試未來可用的**新材料**，希望可以減緩鋰離子的問題，例如：易燃性、原料有限。鋁離子、雙碳和玻璃固態電池尚處於實驗階段，雖然可能永遠都無法實際生產，

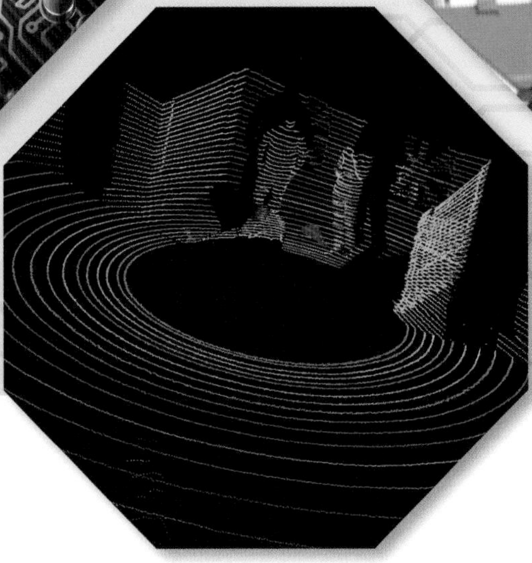

但它們提供了吸引人的理論優勢，包括更大的容量和更低的成本。

處理

隨著**機器學習**和**人工智慧**持續受到愈多關注，愈多電路板製造商也正致力優化產品，才能跟上這股技術風潮。Google的開源機器學習軟體套件**TensorFlow**的開發歷程剛過兩年多，已被許多大公司採用。我們開始可見Maker社群將其運用於智慧型專題，例如由 DIY Robocars 網路社群成員製作的200 美元的自動駕駛RC車。

為了更多強大的用途，

Nvidia藉其最新的Tegra晶片驅動板和Cuda 平臺，帶領專業人士和高科技使用者社群往人工智慧的新發展邁進，而Intel新的**Movidius 神經計算棒（NCS）**則降低了神經網路技術的門檻。

除此之外，量子計算正在迅速發展，在社群中普及指日可待，且將會比多數人預期得更快。去年，IBM為Maker Faire的與會者提供了速成課程，討論量子態的重要性及使用量子計算解決日常問題的方法。

通訊

各式各樣新的無線通訊協定正在Maker社群中興起。**SigFox**和**LoRa**都為眾多領域的低功耗設備提供無線網路，將他們的技術與Arduino等原型開發板結合。

光通訊技術也愈趨成熟。製造商開始銷售提供**光傳輸（LiFi）**網路的商品，做為Wi-Fi之外相較穩定的替代選項。而像Koruza這樣的**最後一哩（lastmile）**光纖寬頻設備製造商（編譯：最後一哩指網路傳輸至用戶電腦最終端步驟），則為不需基礎設施卻媲美光纖的新型無線網絡技術敞開大門。

製造

選擇性雷射燒結（SLS）過去只在少數高技術門檻的產業中使用，現今卻正漸漸轉戰大眾個人電腦。Formlabs Fuse 1將尼龍SLS的價格定在10,000美元至 20,000美元的價格區間，這是小型設計工作室和中等規模的Makerspace的領域。而有了Desktop Metal 等廠商降低了用於數位製造的鋼、銅和高科技合金的價格，3D列印金屬的日子也不遠了。

數位製造軟體也有令人興奮的進展，特別是**衍生設計**，能用較少的素材將3D模型變形為輕量級的、奇形怪狀的結構，但成品的強度特性和原料仍無二致。Autodesk和SolidWorks都將這個功能加入他們的軟體。

搭配 SLS 技術，數位製造軟體很快將為原型製作與製造產業帶來巨大的轉變。

感測

隨著感測設備不斷發展，我們也持續關注**固態光達（solid-state lidar）**。

固態光達技術預計將於今年問世，更堅固、價格更低，將有助於汽車領域轉型，無論是自動駕駛或是安全駕駛標準。

加密貨幣

一些開發人員正在剖析**區塊鏈技術**，以提供共享內容的新方式。

在今年的消費性電子展（CES）上，柯達宣布推出圖片版權管理平臺**KodakOne**，提供攝影師授權分享圖像的新方式，並通過協議條款管理適當的使用方式。Maker們也在研究這個領域，隨著**Maker代幣**發布，Makerspace和教育工作的經濟潛力也將更廣為人知。

Vecteezy.com, Bokeh Art Photo - Adobe Stock, Adobe Stock, Autodesk, archy13 - Adobe Stock, Koruza, Tomasz Zajda - Adobe Stock

雷切教室
採訪：趙珩宇 攝影：Adporter
協助取材：Fun-Maker 余有容、小麟老師

Laser Cutting Classroom

如何建立一間「從做中學」的數位手作工房

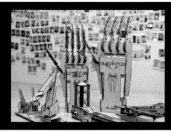

趙珩宇
Henry Chao
師大科技系研究生。曾任《MAKE》國際中文版特約採訪編輯。現職臺北市立建國中學生活科技教師，喜歡學習新東西、穿梭於臺北自造者空間，以別的學科眼中的不務正業（玩一堆奇怪的東西）為榮。

有 一間帶著溫暖氣息的工作室隱身在巷弄裡面，裡面不時傳來大人與小孩的笑聲。這裡是Fun-Maker，臺灣獨一無二的雷射切割工作室。屋內的設計、製作都是由Mac（余有容）夫婦以及孩子們一手打造完成的，牆上貼滿了來自臺灣、香港、馬來西亞、美國等地的朋友參與課程並和作品合照的開心照片。在這小小的空間裡，可以看到學員在課程中產生對實作的興趣，並彼此激盪著創意，創造出更多有趣的東西。這次我們邀請了Mac夫婦，來分享他們是如何從喜歡實作的Maker到建立了自己的工作室並讓更多的人喜歡動手做。

Q：請簡單介紹一下Fun Maker 和當初創立的原因？

A：Fun Maker創立其實有一個機緣，我之前在科技公司上班，專長在電機與電子。而2014年，偶然到了FabLab Taipei並接觸雷射切割機之後，發現這個東西真的很好玩，而且可以做出很多不一樣的東西，就一頭栽進去了。剛開始的時候，我沒有做過設計、也沒有畫過CAD圖，但因為覺得這東西很好玩，便開始自學，然後在做了一些作品後老婆便問我說：「要不要來開工作坊呀？」然後我就開了工作坊了；再過一陣子，工作坊成果不錯後，老婆又跟我說「要不要來開工作室呀？」然後我們就一起開了這間工作室

了，簡單來說我都是被推坑的那位（甜蜜地望向老婆）。

所以整體說起來，我們其實是一步一步慢慢修改，找到自己喜歡且有興趣的東西，並發展它，並希望讓更多人能接觸這些東西，並喜歡上動手做。

Q：您認為要建立起一個教育工坊，要從哪裡開始著手？需要考量哪些事項？

A：其實我們發展課程的源頭就是自己覺得這個東西好玩，然後做出來，但常常一開始我做了一樣作品——好比我們做的FN P90衝鋒槍，一開始就是做好玩，但是做完後，老婆就會開始提問了：「這個衝鋒槍的原理是什麼呢？有沒有什麼歷史發展典故」等等的問題，然後我就要開始找資料了。但愈找會愈深入，同時也會發現更多有趣的地方，然後一個作品有了原理，又有了人文背景，就可以形成一套完整的課程了。

所以我們的開頭還是以有趣開始，這東西我們都覺得好玩了，就會是一個很有趣的活動、有趣的作品，再以這個引起動機，就能讓孩子們有更大的動力往下學習。

Q：為何會選擇雷射切割機做為主要使用的機具？有什麼原因嗎？您挑選機具的首要考量為何？

A：其實我們選擇雷射切割機為創作的加工機具，主要是因為一開始接觸數位加工機具時，

就是先使用了雷射切割機。而雷射切割機加工速度快，又可以在短時間內製作出多樣外型的成品，機器結構包含雷射管等等都已經相當穩定，過去大家剛開始玩雷射切割時，常常會兩三個月雷射管就沒氣了；但像我現在的雷射管已經用了快兩年了，最近才開始有一點點衰退的現象。因為機器穩定，對於課程或是創作時來說都是很方便的加工方式。

而3D列印等，雖然也有接觸，但是材料和機器之間的參數都不時地需要調整，而且3D列印也有列印失敗、加工時間長等問題，所以久了之後，我們那臺3D印表機就被塵封起來了。所以在課程或是商業上的機器考量，首先最重要的當然是價格，但另一個重要的考量點則是它的穩定性，以及在教學上能快速成型，所以我們才決定採用雷射切割做為我們課程的主要加工機器。

而如果就雷射切割機的選擇上，首要是加工尺寸大，這樣切的材料和作品種類才能多；第二則是雷射管功率要高，以減少加工時間與粉塵產生量。第三則是價格，畢竟是自己買的，還是要便宜一點。

Q：能否向我們介紹幾個您最喜歡的幾項作品（橡皮筋槍等）？

A：其實每樣作品都很喜歡耶，因為喜歡才會想把它做出來。但不同作品卻是會花上不同的製作時間，像是架子上的

M200就花了兩個禮拜來畫，因為有的設計是有曲度的，需要想辦法把他設計出來，所以有好幾天就不斷地對著M200的照片再進行比對、繪製，而有的機構為了讓他運作順利，就花了好多時間再進行微調；而後面在做P90時，因為已經有了經驗，反而只花了三天就完成了。但不論時間花得長或是短，每樣作品都是花心思完成的，所以全部都很喜歡。

Q：Fun-Maker創辦至今已經三年，您覺得如何讓「Maker」這件事不只是一時風潮，而是可以永續發展下去？

A：其實Maker這個名詞本來就是一個風潮，所以我們會看到現在這個名詞好像漸漸要被其他AI、IoT等等的名詞取代了，但是在名詞背後我們要培養他們什麼能力？這才是能長久經營下去的。像是我們這邊因為會有來自不同國家的人，所以我們就能看到像是美國這類我們看到的實作強國，他們因為身邊資源取得較臺灣困難，所以他們會從身邊取材，除了找尋材料以外，也會試著從身邊的物件去理解物理理論或是概念。因此將這些名詞的外殼褪去後，我們認為Maker就是動手做，只要今天有想法，努力去找尋答案、認識身邊的一切、展現個人創意，並將它製作出來，這樣動手做的能力、態度就是我們希望能在這個空間中引導學員的，而這個才是能長久經營下去的。🖉

Spies Like Us
像我們這樣的間諜
過去隨網際網路誕生的駭客、飛客和賽博龐克將帶我們預見未來

文：赫普・斯瓦迪雅　譯：Madison

「賽博龐克」（Cyberpunk）在我們的圈子裡，指的是DIY「間諜」。在1990年代早期，這個族群隨著個人電腦和隨身網路裝置的流行，如雨後春筍般冒出，賽博龐克的追隨者們在電子及各領域成為「叛逆」、「煽動」和「滲透」份子的定位從此根深蒂固。賽博龐克和動手做之間一直以來關係密切，它們共同的信念就是「如果沒辦法駭進它，就不算擁有它」，對於駭進其他人的東西也有著心態健康的興趣。

這樣的思潮再度復甦，從美學和文化的觀點來看皆如是。昨日的賽博龐克已經成長為今日的Maker兼未來學家，這些科技黃金時代的先驅人物，對於未來有何預言，非常值得一看。◢

你的「雷達」偵測到哪些最酷的未來科技？

**馬克・佛豪恩
菲爾德**
未來學院研究總監，前《MAKE》雜誌主編
「我對偽觸覺很感興趣，這個技術用視覺和聽覺刺激，讓人們以為是在用觸覺感受物理變化。」

加雷斯・布朗恩
未來學記者
「我一直在耐心等待自動駕駛汽車普及。因為我患有脊柱關節炎而無法開車，所以自動駕駛汽車將大幅改善我的行動能力和生活品質。」

珍・麥特卡夫
Wired共同創辦人、Neo.life創辦人
「改造身體的淋巴系統以治療肝臟衰竭。利用幹細胞將患者的淋巴結轉變為類微型生物反應器，能生成迷你肝臟，在體內任何位置過濾血液。」

你覺得科技領域的未來學會走向何方？

柯瑞・達克特洛
作家，Boing Boing編輯
「我必須非常高興地說，我不知道，因為我堅信未來是競爭來的，不是預測來的；我們能夠創造未來，我們不必接受現況。」

朱莉・弗里德曼・斯蒂爾
世界未來學會董事會主席兼執行長
「我認為將回歸以人為本，為了更好的科技而與現有科技保持距離，轉而關注哪些科技能幫助我們成為生而為人的理想樣貌。」

莉莫・弗里德
Adafruit公司執行長
「瞭解未來的最佳方式，就是自己動手讓未來發生。」

R.U. Still a
CYBERPUNK?

不老賽博龐克 看看這張經典海報的當代演繹

文：克里斯・胡達克 譯：Madison

「老兄，你看那面牆上滿滿都是你耶！」

當你搭著一臺舊公車，穿過一個不熟悉的城市，趕往一場人來人往、為期三天的尖端科技研討會，現場充滿了來自世界各地、疑似嗑藥的社交障礙記者，結果聽到有人很興奮的跑來跟你說這句話，還有什麼比這更囧的。

我一屁股在窗邊的位子坐下，往對街隨意瞥了一眼──天哪真想挖個洞鑽進去，不是一個，是一大堆我的分身，從壓低的鏡面太陽眼鏡上盯著我瞧。那人頭髮比我長得多，但毫無疑問是幾年前的我──那熟悉的皮夾克，同樣那雙大靴子，太陽眼鏡後面那個自戀的眼神……最扯的是那一身跟那堆滿腳邊的、曾經是尖端科技的個人裝備。那個我正盯著看也看著我的人曾經是一位作家（在少數情況下，比如現在，也算是某種代言人），有史以來最具代表性的賽博龐克雜誌：《Mondo 2000》的撰文者，所以真的是，有點恐怖。

現在是2018年，我在日本橫濱寫這篇文章。那張骨灰級的〈你是賽博龐克嗎？〉海報仍維持多年來那那頭90年代搖滾樂手髮型。畢竟，幾乎所有展示的在海報上的科技，不是早已過時、推出輕巧版，就是完全被淘汰（當年那些珍奇的功能和運算能力，現在大都可以輕鬆裝進14歲小朋友手上的Hello Kitty手機殼中！）。後來有一天，我收到一封來自美國國內、看起來天真無邪的電子郵件，於是就此成為這篇文章的契機。現在我們在這裡重新回顧一下這個詞：賽博龐克（Cyberpunk）。

它仍然是個好概念──其實非常棒、令人回味無窮，而且我仍然打算繼續使用那個過度簡化的陳年定義：「高科技／低生活」。不要因為後半部分就瞧不起它，這詞完全沒有貶義。它強調的是態度，再加上必要的巧思，用技術發揚光大──就是這麼簡單純粹。賽博龐克是反串勵志海報「反抗」中那隻小小卡通老鼠，從牠那無可救藥的低處，向上盯著巨大可怕、朝牠伸出利爪咆哮的老鷹。然後小老鼠對大獵人……比出牠的中指。

接下來你會看到〈你是賽博龐克嗎？〉海報的新版裝備清單。正如威廉・吉布森（William Gibson）的名言，「街頭不起眼之物找到了自己的出路」（The street finds its own uses of things），現在輪到你了。

Hep Svadja, Juan Hodgson

1. 變聲器：早在90年代就有變聲器——雖然破爛，但當時就是用這玩意兒。今天這個技術只有稍微那麼精進了一點點，實際上不是那麼常用。

2. 電擊槍：頂多把人電暈。

3. ErgoDox機械分離式鍵盤附訂製鞍袋：將這東西跟手槍一樣一邊掛一件，重新定義「鍵盤牛仔」。

4. 3D列印TSA鑰匙：高科技版本的Bic筆式自行車鎖。

5. LED手套：工作時看得比較清楚，看起來也比較專業。

6. VR頭盔：務必掌握最新的開發版本，因為這就是「個人電腦」的定義跟理想。當然，出於各種原因，你會馬上被討厭；但是之前你在公共場合拿著Zune被看到過，所以你知道怎麼處理。

7. 非法兆瓦雷射指示器

8. 陶瓷折疊刀：不用多說，我對經典產品沒有抵抗力；它抗腐蝕，長時間保持銳利，非磁性，而且在人滿為患的死亡金屬樂酒吧門口做安全檢查真的太鳥了。

9. FLIR：能觀看熱影像就是讚。

10. Raspberry Pi海盜無線電：執行駭客任務時可用來進行調度——有一個電源、電路板、SD卡以及一根電線。可產生1MHz到250MHz之間的無線電廣播，可能干擾政府或執法單位使用的頻段（不是說你會想幹這種事啦）。makezine.com/go/pirate-radio-throwies

11. Bus Pirate單板電腦：一種多功能駭客工具，可以和電子裝置溝通。反正它可能是你唯一想講話的對象。

12. 行動電話干擾器：如果不介意違反多項法律的話，信號干擾工具有派得上用場的地方。

賽博龐克（Cyperpunk）

1：20世紀晚期到21世紀早期的科技革命或其參與者。2：有反政府傾向的頑固駭客3：喜歡Perturbator音樂的電腦宅。4：同名反文化「運動」成員，通曉科技，生活型態叛逆。5：CD Projekt Red工作室讓人期待已久的遊戲。6：幻想自己活在未來的人。7：覺得太陽眼鏡和其他全黑的東西永不褪流行的人。

作者在1993年〈Mondo 2000〉雜誌第10期中的原版〈你是賽博龐克嗎？〉。

A. USB充電器：讓你的裝備可以每天充電近一周。

B. FM間諜發射器：無論它本來是幹什麼用的，這東西的絕妙之處在於，沒有人想到這個有50年歷史的裝置現在還有人在用⋯⋯makezine.com/go/tiny-fm-spy-transmitter

C. JTAGulator：晶片除錯介面，可以從晶片控制目標裝置，即時存取或修改資料。

D. DIY Raspberry Pi VPN / TOR路由器：這個硬體VPN讓你可以匿名瀏覽。makezine.com/go/pi-vpntor-router

E. 隱藏式電表：可能是這個清單中最無害的一項，但現在顯得相當可疑，因為親愛的讀者你已經被這份清單洗腦了。pokitmeter.com

F. Dremel便攜式烙鐵：以丁烷為動力，可用來當火焰噴射器。

G. DSO Nano：微型單頻示波器，可放在口袋中，隨時隨地進行信號分析。也可當作蒸汽波（編註：一種電子音樂類型）可視化器。

H. Dieselpunk手機（內建自爆裝置）：混淆視聽，讓人不容易看透你的技術水準，是一個很棒的賽博龐克概念，但你仍然過不了金屬探測器。makezine.com/ go / dieselpunk-phone

I. Pi-Top模組筆電套件：任何謹慎的駭客都不會讓自己栽在現成的運算平臺上。

J. MalDuino入侵裝置：你想當個「滲透測試員」，一個欣賞駭客藝術的行家，而你之前的生意夥伴或者現任部門負責人覺得你是一個好管閒事、可能具有高危險性但非常優秀的王八蛋。

K. Macchina M2車用電腦介面卡：改裝你的或別人的車。

小心有人
正在
看著你

文：麥克・西尼斯　譯：Madison

隔牆有眼
Jeepers Creepers

因為尺寸小、用途多，我們現在很習慣使用坊間的家用監控攝影系統。 它們漸漸融入環境，甚至很容易隱藏，可置身在環境正中間錄影。什麼東西都可以加裝攝影機的概念讓攝錄日常生活變得理所當然。

儘管如此，在未經許可或不知不覺的情況下拍攝別人是很不OK的行為。快速在網路上找一下，你會發現有很多用來這麼做的產品，這些東西讓GoPro和寶寶攝影機顯得跟賭城的霓虹燈一樣大。

你可以在市面上買到以下隱藏式攝影機：

- 相框攝影機
- LED燈泡攝影機
- 手錶攝影機
- 筆形攝影機
- 眼鏡攝影機
- 鬧鐘攝影機
- 煙霧探測器攝影機
- 衣架攝影機
- 檯燈攝影機
- 鬧鐘攝影機
- 掛鐘攝影機
- 充電座攝影機
- 出口標誌攝影機
- 數據機攝影機
- 螺絲攝影機
- USB充電器和USB連接線攝影機

不用上暗網也可以買得到，Amazon上就有，大部分都有頂級運送服務。我們真是生在一個很怪的時代對吧。

那你要怎麼找出這些隱藏式攝影機呢？這可能是個挑戰，但也是有些方法。

尋找紅外線信號

許多攝影機都有紅外線LED，好在無光的時照亮環境。這些LED在低光源和無光時會發出微弱的紅光；如果你注意到奇怪的閃光，很可能就是來自針孔攝影機。手機的攝影機也會發出主動紅外線紫光，如第37頁所談到的。

如果你想主動尋找紅外線信號，可用紅外線追蹤攝影機（可在網路上買個便宜的USB版本）掃描房間，看有沒有不可見光源。看起來就會像聚光燈一樣。

細聽電子零件發出的聲音

當暴露於監視攝影機發射的電磁信號時，有些手機會發出劈啪聲。將手機移動到疑似有電子設備的區域，檢查是否出現這種干擾現象。

尋找鏡頭反光

可以用智慧手機應用程式或更昂貴的針孔攝影機檢測設備做到。它的工作原理是，當你水平移動智慧型手機時，手機的閃光燈會照亮前方空間，如此可以尋找反射自攝影機鏡頭的光線，就算是很隱密的攝影機也可以。

掃描射頻信號

無線攝影機通常以無線電波傳輸信號。專用的攝影機檢測工具可以尋找這些信號，以幫助確定設備的存在。

如果你真的找到非法設備，專家建議馬上關掉它並通知有關當局。注意安全！

Hep Svadja, Juliann Brown, 21G, DHGate, Censee, Prweyn, MiniGadget, Kingnet

  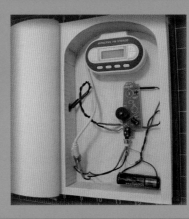 

Hide and Seek

躲貓貓

自製聰明的裝置來協助
你的臥底任務

文：《MAKE》編輯群　譯：Madison

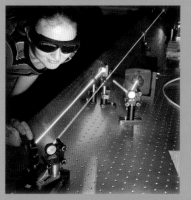

你有幻想過成為CIA幹員嗎？你喜歡007嗎？不管是什麼原因，間諜之類使用高科技的傢伙袖子裡面藏了什麼總是令人著迷。

不過現在你不需要正式訓練，也不必出生入死。只要有DIY社群的幫忙和一點點巧思。以下是8個可以自己動手做、很酷又很宅的小道具，讓朋友見識一下你的間諜功力。

祕密棋盤置物箱

打造一個祕密棋盤置物箱，沒人會想到下面可以藏東西。在棋盤上用棋子走條特定的路線，就可以開啟它。你可以藏進鑽石、棒球卡或世紀犯罪證據。makezine.com/projects/secret-chessboard-compartment

中空螺栓「情報點」裝置

當間諜之間要交換情報或微縮膠片但又不能碰面時，就會使用「情報點（dead drop）」裝置，看起來就是普通的物品，不突兀，一般路人經過不易懷疑。這個中空螺栓就是這種東西。makezine.com/projects/dead-drop-device

書本竊聽器

用這個裝置以普通的調頻收音機竊聽任何陰謀。接一個可放在襯衫口袋的「放大收聽器」再加一個車用調頻傳送器，塞在挖空的書中，將麥克風藏在防塵套內，就是一個無線竊聽器。可以隨意放置或放在書架上等接近竊聽對象處。makezine.com/projects/bug-in-a-book

放置竊聽器

這是另一個在任何地點竊聽任何對話的方法。你只需要一個手機和耳塞式耳機（有線，不是藍牙的）。

將手機插上耳機，轉成不會震動的靜音模式，打開自動接聽。將手機和耳機藏在要竊聽處，就完工了。你現在只要撥打那隻手機，響幾聲後它就會自動接聽，你就可以偷偷聽到那裡的任何對話。makezine.com/go/plant-a-bug

咖啡杯間諜攝影機

改裝普通咖啡杯，裝入針孔攝影機，每次你把咖啡杯拿起來喝它就會拍照。

巧妙之處在於使用兩個紙咖啡杯——將裝置裝在第一個咖啡杯中，再放入第二個咖啡杯，對齊兩個杯子底下的孔。塑膠杯蓋下有兩顆LED，一顆在傾斜開關被觸發時會亮，另一個在拍照後會閃兩下。makezine.com/projects/coffee-cup-spy-cam

遠端警示

絆線是設置簡單安全系統最基本的方式。牽一條線跨過走道。當有人走過這條線就會啟動警報。這種系統很容易架設，也很有效，但總是有進步的空間。傳統絆線最不方便的地方就是需要實體線路接到警報器。要省去這個麻煩的話，可以用小型無線傳輸器無線啟動警報。makezine.com/projects/remote-tripwire-alarm

雷射絆線

任何安全系統少了雷射就會不完整。這個專題介紹了如何用雷射筆、幾面鏡子加上幾塊錢的電子零件，打造雷射絆線警報器。有了這個系統你就可以用雷射光束覆蓋整個屋子。只要有人碰到任何一束雷射光就會啟動警報。可以做成獨立警報器或是整合到比較大的DIY安全系統。makezine.com/projects/laser-tripwire-alarm

杯底的祕密訊息

看過派翠克·麥古恩經典BBC間諜影集《密諜》的鐵粉就會知道，這招來自第15集《死亡女孩》（暫譯）。在玻璃杯底蝕刻文字（用經典的「Village」字體），每喝一口就會慢慢出現完整訊息。makezine.com/projects/you-have-just-been-poison ◉

觸控魔術畫框
Invisible Touch

能夠將任何表面變成寬廣「觸控感應區」介面的魔術畫框！

文：尚·佩瑞戴爾　譯：屠建明

魔術畫框

所有表面都變成
觸控感應區

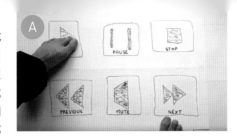

一個簡單的畫框能不能把任何東西變成「觸控螢幕」？你會把它用在什麼地方？用腳來控制音樂（圖 A）？把桌子變成巨型遊戲控制器？在牆壁上滑動手指來調整電燈亮度？你甚至可以用一幅畫來偷偷控制整間房子！以下是自己打造在任何表面都能使用的觸控感應區的方法。這裡採用的是不可見光的三角測距技術，偵測手指在框內的位置。這個方法相當平價，在LED的功率上做一些嘗試的話甚至可以應用在非常大的表面。不過沒有任何事情是完美的。這個方法很難完全涵蓋框內的整個區域，所以沒辦法打造出100%精確的多點觸控表面。但是它仍然很好用，可以達成各種有趣的效果，而我也相信有很多可以改良的方法。

運作原理

「光三角測距」是簡單又強大的座標測量方法。基本上，這是用大量的光感測器和用來照射感測器的LED，依序每次點亮一顆LED，並分別讀取感測器。當感測器感測不到任何LED，就代表有物體阻擋光線。如果有足夠的LED和感測器，就能推論出相當精確的位置。我開發出兩種不同的解決方案來打造DIY觸控螢幕：

紅外線（IR）感測器——這個解決方案採用大量IR LED和面對面的IR光電二極體（圖 B）。LED點亮時，多顆光電二極體能接收發出的光，並「看出」是否有物體阻擋光線。我們可以在畫框的四個邊都裝上LED來把涵蓋範圍和精確度都最大化，但如圖所示，我們這次只用兩個邊。

CIS 感測器——第二種解決方案比較複雜（圖 C）。「接觸式影像感測器」（CIS）在多數的平臺掃描器上都可以看到。在這種裝置上，CIS感測器基本上就是一種一次只讀取一行像素的黑白攝影機。要掃描彩色文件時，RGB LED會閃爍三種顏色（紅、綠、藍），而CIS在文件的每行會全部讀取，接著運算精確的色彩。CIS感測器讓我們在一行20公分的長度有2,700個光感測器，以少數的LED產生很高的精確度。然而，CIS感測器比較難找到和改造，因此我在這裡只說明IR的解決方案。魔術畫框採用模組式3D列印零件，

以及裝有光電二極體的IR LED。另一個版本有空間安裝LED驅動晶片。這些零件可以組裝成可調式畫框，要多大、多小都沒問題。

如何驅動這麼多LED和光電二極體？

我們需要大量的數位腳位來控制IR LED，以及大量ADC腳位（類比對數位轉換器）來讀取這些光電二極體。你可能已經知道，Arduino Uno 微控制器上只有14個數位腳位和6個類比腳位，這是不夠的，所以我使用Teensy 3.6開發板，與Arduino 環境完全相容，而且因為以下的原因更適合這個專題：

● 速度快很多——以240MHz取代16MHz；32位元運算取代8位元

● 在非常小的尺寸上提供很多個輸入／輸出腳位——58個數位、24個類比

● 你的電腦可以將板子辨識為USB輸入——如同鍵盤、滑鼠或搖桿——也就是說可以把魔術畫框觸控表面當成各種

時間：
製作：16～20小時
3D列印：30～70小時

難度：
適中

成本：
60～100美元

材料

製作 26cm × 26cm 畫框：
» Teensy 3.6 微控制器板 搭配 USB 線
» Z-Uno 微控制器板（非必要）用於控制 Z-Wave 家庭自動化
» LED 驅動晶片，STP16CP 型 SMT 封裝（DIP 封裝已停產）
» SSOP-24 SMT 擴充板
» 紅外線（IR）LED（16）3mm，20mA，30°發光角度
» 紅外線（IR）光電二極體（16）與你的 LED 相同波長；一般為 940nm
» 畫框 3D 列印我的模組式畫框（從 github.com/jeanot1314/Magic_Frame 免費下載）或使用自己的畫框。
» 單芯線、絕緣、細線規 如繞線專用線，24AWG 到 30AWG
» 排針，2.54mm：公（36）和母（36）
» 電容，電解型，10μF
» 電阻，220Ω，¼W（9）
» 鋰離子聚合物電池，3.7V，200mAh（非必要）搭配加裝的 Z-Uno

工具

» 烙鐵與銲錫
» 電腦，裝有 Arduino IDE 及 Teensyduino 外掛程式 可從 arduino.cc/downloads 及 pjrc.com/teensy/td_download.html 免費下載
» 專題程式碼 可免費從 github.com/jeanot1314/Magic_Frame 下載
» 3D 印表機（非必要）可以傳送列印畫框的檔案，或在一般的畫框上鑽孔。
» 剪線鉗／剝線鉗
» 萬用電表（非必要）對測試焊接處很有幫助

吉恩·佩瑞戴爾
Jean Perardel
居住於法國格勒諾勒。他出生在阿爾卑斯山，喜歡登山、飛行傘和動手做東西。研究 Arduino 至今已經 7 年，他還是不覺得膩。

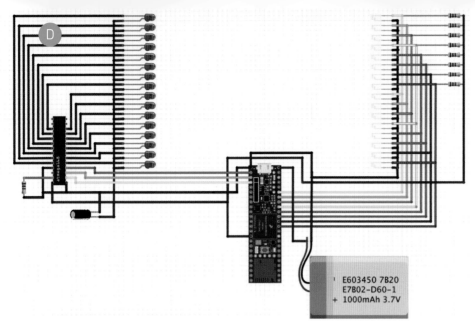

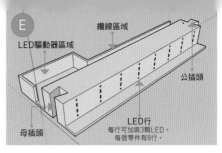

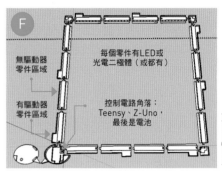

Jean Perardel

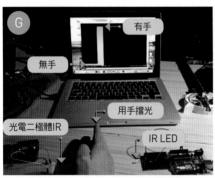

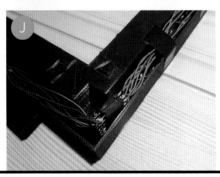

裝置的遙控器,甚至遊戲控制器,可以操作 Raspberry Pi 模擬器等等。

雖然我們已經有足夠的數位腳位,我還是加裝 LED 驅動板來讓讓這個設計更有彈性。STP16CP 是常用、便宜的類型,而且驅動上不太複雜,每個晶片可以驅動16顆 LED,而我們想串聯幾個晶片都沒問題,再適合這個模組式畫框不過了!在類比腳位方面,24個對大畫框而言還是不太夠,所以我用了小技巧:將兩個光電二極體接到同一個 ADC。因為我的光電二極體沒有很大的偵測角度,所以一個 LED 只能照亮3到5個,而我的接線方式讓它們沒有重疊。因為我們分別點亮每顆 LED,我們知道讀取的是面對該 LED 的3個感測器,而不是共用 ADC 上的其他感測器。這樣你就知道電路圖(圖 D)的道理是什麼了。對於26cm×26cm尺寸的畫框,需要架設一個如圖所示的驅動電路以及一個光電二極體鏈。要做更大的畫框就重複這些程序。你可以看到,LED 驅動器控制 LED 的陰極;如此一來,驅動器晶片不需要供應很多電源。鋰聚電池為非必要,用來搭配 Z-Wave 開發板(參閱下頁的「改良畫框」段落)或其他無線通訊元件。

1. 3D列印畫框

首先列印7個一般零件、1個有 STP 驅動器區域的零件、3個角落和1個「控制」角落(圖 E、F)。這個工作要花很久時間,因為每個零件要列印4到8個小時,但可以增加切層厚度來加速;這樣會比較不精確,但列印會更快。如果你想用現有的畫框,可以鑽出 IR LED 和接收器的孔,並將電子元件裝在背面。

2. 瞭解LED和光電二極體反應

電子元件齊全後,我們就可以來測試程式。你可以把一個 LED 接上一個光電二極體,接著從 Arduino 上傳 AnalogReadSerial 範例程式(檔案→範例→01.Basics→ AnalogReadSerial)來讀取座標(圖 G)。我也新增了 Graph 程式,可以用 Processing 來開啟,檢視圖形結果。現在你需要知道 LED 和光電二極體的實際規格。有些 LED 角度較廣、能承受更高電流,或側邊比中間亮。我採用的是3mm IR LED,額定20mA電流,角度為30°。這樣的規格適用寬度為兩個零件(即26cm,因為每個零件13cm)的畫框;30°角足夠照亮3個面對的感測器。如果想做更大的畫框,就需要倍增每行的 LED(最多3個),或使用更高電流的 LED,例如50mA。如果使用發光角度更廣的 LED,就能照亮更多感測器並提升精確度。但是要小心,更廣的角度會使每個感測器接收的光更弱。

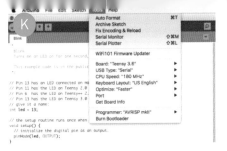

- 觸碰照片來傳送「眨眼」給該人
- 控制電腦滑鼠
- 調整燈光亮度

訣竅： 告訴你一個很好用的訣竅。你知道如何「看見」紅外線LED嗎？開啟手機的相機並看它的螢幕。你的眼睛看不見紅外線，但相機可以，它會以紫色傳送，如圖 **H** 所示。

3. 開始焊接

這是製作過程另一個很花時間的部分，但你的魔術畫框就快完成了。我強烈建議使用極細的線來焊接LED和二極體，因為這樣會比較簡單，而且在畫框上佔比較少空間（圖 **I** ）。另一個訣竅是使用排針，這樣之後方便調整畫框的尺寸（圖 **J** ）。這幾招對除錯也有幫助。

4. 編寫程式

Teensy開發板和Arduino環境完全相容，所以只要從pjrc.com/teensy/td_download.html下載一個外掛程式就行。把Teensy透過USB線連接到電腦，接著從工具→開發板選單選取Teensy（圖 **K** ），然後選取USB類型（如果要讓裝置有滑鼠、鍵盤等功能就選「Serial」）。從github.com/jeanot1314/Magic_Frame下載專題程式碼，在Arduino開啟，然後用「上傳」按鈕上傳到Teensy。接著開啟序列顯示器視窗，就會看到來自感測器的讀數。確認每個感測器都能看到面對的3顆LED，方法是用手擋住光。這樣你的魔術畫框就開始運作了！現在可以

把魔術畫框連接到任何電腦的USB連接埠，然後開始做各種嘗試。

5. 最後組裝

圖 **L** 是我的大型魔術畫框成品；你可以依自己的需要調整大小。我還幫它3D列印了專屬標誌。

用用看
手指會說話

現在你可以把任何表面變成觸控感應區了，但可以用在什麼地方呢？你可以把魔術畫框裝在任何表面上，例如桌面或冰箱，但一個有趣的做法是框住牆上的畫面，然後用祕密功能對應畫面的內容（圖 **M** ）。觸碰一個人的臉可以在網路上傳送一個「眨眼」；觸碰專輯封面可以神奇地開始播放歌曲。遠端控制電腦的滑鼠，或是用手指寫出密語來打開暗門。任何滑鼠或搖桿能做的事都能用魔術畫框來試試看。

歡迎在makershare.com/projects/magic-frame-everything-touch-area追蹤這個專題和分享你的點子。 ◓

改良畫框

使用CIS感測器——如同前面提到的，你也可以使用文件掃描器裡的CIS感測器做為光感測器。這個方法會大幅提升精確度，因為CIS上面有超過2,700個光感測器。圖 **N** 就是它們的樣子。

我也用這項技術做了一個專題：玩遊戲的桌子。它贏得2016年Instructables網站上的RaspberryPi競賽（圖 **O** ）。歡迎觀賞youtu.be/Shyj-7JLFsg來深入瞭解。

新增Z-WAVE控制——在家庭自動化方面，你可以加裝Z-Uno開發板來控制Z-Wave周邊設備，例如智慧插頭和智慧照明。我用我的Z-Uno來控制Fibaro燈光亮度調整器。將Z-Uno以UART序列周邊的方式連接到Teensy，增加地線做為開發板的參考值，並加裝VCC讓Teensy為Z-Uno供電（圖 **P** ）。如此一來，這兩塊板子可以互相通訊，而Teensy可以要求Z-Uno傳送特定的訊息。

Z-Uno也可以用Arduino環境和外掛程式進行程式編輯。我在GitHub有新增控制智慧插頭的Z-Uno程式碼，在youtu.be/_KhWwn-HI6w可以觀看影片說明。

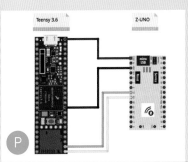

都市淘金
Urban Ore
拿這些有價值的廢棄物填滿你的零件庫，只要懂門路就找得到
文：卡里布・卡夫特　譯：屠建明

機智的Maker隨時都在留意好用材料。你可以在開車時掃視路邊、瀏覽Craigslist的免費區或是偶爾逛逛垃圾場。如看到一堆平常要花可觀的金額去買的零件，你一定會樂不可支。免費的東西不一定划得來，但以下這八種東西幾乎每次打開都是一個寶庫。

1. 舊電腦

電腦裡滿是在其他專題裡再利用的零件，有人就這樣把它丟掉真是不可思議。以下是可從路邊的電腦回收元件中最常見的：

● 運作完全正常的電源供應器
● 雷射！
● 肥美的散熱片
● 光碟機和軟碟機的步進馬達
● 光碟機的齒條組
● 硬碟機的強力磁鐵

專題：自製桌上型工作檯電源供應器 —
www.makezine.com.tw/yet-another-bench-top-power-supply-project/

2. 印表機、掃描機、傳真機

有時候，買新的印表機真的比買新的墨水還便宜。這樣非常浪費，也造成Craigslist上面或垃圾箱裡出現一堆免費的印表機。如果你在研究機器人，印表機這種裝置是以下零件的好來源：

● DC馬達
● 步進馬達
● 光感測器
● 滑桿
● 齒輪馬達和搭配的皮帶

專題：風燈 — makezine.com/projects/wind-lantern

3. 投影電視

這些笨重的古董因為平面電視的崛起而逐漸被淘汰，正好讓Maker們撿免錢。如果需要光學零件，這種電視是很棒的來源：

● 巨大的菲涅爾透鏡
● 個別投影機內部的較小透鏡
　（一般有3個）

專題：巨型菲涅爾透鏡太陽能熱射線 —
makezine.com/2011/06/25/solar-sinter-project-3d-printing-with-sunlight-and-sand

4. VCR

VCR可能已經過時，但還是找得到，而

且有一些很酷的元件：
● 大型實心軸旋轉編碼器（VCR 讀寫頭）
● 線性致動器
● 彈簧
● DC 馬達
● 計時電路
專題：VCR 餵 貓 器 —makezine.com/
projects/vcr-cat-feeder

5. 兒童電動車
　這些車在踩油門不會動後，常常被丟到
垃圾場；但驅動馬達和電池有時候還是好
的。這種馬達雖然不快，但對免費的東西而
言它們的扭力不錯。我們甚至曾經把它們的
塑膠變速箱改造來用在簡單的動力專題。
專題：兒童電動賽車 —makezine.com/
projects/powerwheels-clown-car

6. 遙控玩具
　便宜的遙控玩具現在隨處可見，也就是
說在脆弱的塑膠機體壞掉時，裡面的好東
西也會一起被丟掉。你可以改造便宜的遙
控器來觸發 Arduino，並將機身用來做成
滾動機器人。
專題：用 USB 方向盤控制遙控玩具 —
makezine.com/2015/08/10/ driving-
an-rc-car-with-arduino-and-a-usb-
racing-wheel

7. 輪胎
　把輪胎丟掉很麻煩，常常要花錢請人來
載走。很多人聽到 Maker 來敲門問可不可
以拿走家裡的一堆舊輪胎還會覺得如釋重
負。他們所不知道的是：你是要把這些原
料拿來做成驚人的雕塑，或是幫自製鞋子
換新鞋底。找一臺標準的桌上型金屬剪切
機就能輕鬆切割輪胎。
專題：以輪胎製作跑鞋鞋底 —makezine.
com/craft/flashback_retro-style_
running

8. 舊衣服
　Swap-O-Rama-Rama 衣服交換社教
我們的就是沒有任何布料是垃圾。所有布
料都有用處，而且坦白說，從捐贈的衣服
裡可以找到一些相當高級的材料。
專題：回收牛仔褲變身園藝圍裙 —
makezine.com/craft/make-a-quick-
garden-apron-from-upcycled-jeans ◯

pavelkubarkov / Adobe Stock, Derek Tsang, Daniel Hoherd, Hobvius Sudoneigm, LvL 1 Hackerspace, Les Chatfield, Jayme del Rosario, Magnus D

雷射光保全
Light Security

用這個雷射迷宮訓練你的閃躲技巧

文：彼得‧布倫　譯：屠建明

彼得‧布倫　Peter Bullen
是跨領域的 Maker，對光、物體運動、音樂和科技都有興趣。

Hep Svadja, Peter Bullen

　　雷射迷宮是電影風格的終極保全系統，它用雷射光線網來保護價值連城的藝術品，使小偷必須神不知鬼不覺閃躲、穿梭、爬行和跳躍；如果碰到任何一道光線，就會觸動警鈴。現實生活中，雷射迷宮並不是住家安全系統的最佳選擇，但打造起來很有趣，嘗試突破它也很好玩。

> **警告：**雷射光的強度可能傷害眼睛。請將可能意外把雷射光反射到眼睛的表面（如鏡子）移開。務必使用功率 5MW 以下的雷射，以降低眼睛意外暴露於光線時造成傷害的風險。

基礎雷射迷宮

　　打造基礎的雷射迷宮其實相當簡單：只需要有 PVC 管和接頭、「常開開關」雷射筆、油土和噴煙機。將 PVC 管切割成 2 到 3½ 英尺的等長管子，並連接成可以行走穿越的大型籠狀構造（圖Ⓐ）（可以從高 6½ 英尺、寬 5 英尺、長 10 英尺的大小開始）。將雷射筆用油土固定在 PVC 管結構的側面，以各種角度指向中間的空間，並啟動。最後，將燈關掉並開啟噴煙機，讓雷射光看起來又亮又美麗。

如果要有最好的效果，可使用有「常開開關」的雷射筆，品質更好，而且是為長時間使用設計。雷射筆的顏色沒有限制，但綠色的亮度最佳。

雷射偵測

　　可以在雷射迷宮加上一個在有人擋住光線時能觸發警鈴或閃光的偵測系統，讓它更好玩。在每支雷射筆對面的結構上裝一個光敏電阻，將每顆光敏電阻接到一個分壓電路，並接到 Arduino 開發板的類比輸入。當雷射照到光敏電阻時，它會維持低電阻；但光線被擋住時，電阻會急遽升高，而 Arduino 腳位的電壓會上升。編寫程式讓 Arduino 偵測這個電壓變化並觸發警鈴。

會移動的雷射光線

　　移動雷射迷宮是個全新的體驗。將每支雷射筆裝到固定於 PVC 管結構的馬達上（圖Ⓑ）。編寫程式讓每顆馬達以不同速度（每個循環 5～10 秒的效果最好）和角度來回旋轉，創造雷射障礙的無限變化。你可以 3D 列印支架和特製機殼，有系統地安裝所有東西。

　　在偵測方面，在雷射筆對面安裝大型的半透明布幕（圖Ⓒ），讓雷射光在布幕上都有移動的點。在迷宮外面架設攝影機，讓它拍到整個布幕。編寫電腦視覺（CV）程式來計算相機拍到的移動點數，用以偵測雷射是否被阻擋。對 CV 初學者而言，scikit-image 是 Python 系統不錯的套件，而 OpenCV 則適用多種程式語言。 ◾

約翰·白其多
John Baichtal
有十餘本著作,主題涵蓋 Arduino、Lego 和機器人。他最新的計劃是《LED Project Handbook》,將由 No Starch 出版。

文:約翰·白其多 譯:屠建明

Craft a **Creeper**

打造苦力怕
製作可控制的電動怪物機器人

編 寫新書《Make:Minecraft for Makers》的時候,我一開始就肯定苦力怕(Creeper)的專題是少不了的。以下是用金屬骨架和木材外殼打造電動苦力怕的方法。它絕對不會爆炸,而且你一定會喜歡,加上製作過程中還會學到很多機器人和 Arduino 的知識。我們開始吧!

苦力怕由機器人底盤套件和構成怪物無手特殊身體的附加零件組成,再加上讓頭轉動的伺服馬達。首先參考苦力怕在遊戲裡的造型。記得要使用創造模式,不然會一直被炸!

苦力怕(圖 Ⓐ)有邊長 8 像素的立方體頭部、4×8×12 的身體和 4×8×4 的腳。這其實是相當優雅的設計,重現實體的過程很輕鬆。

設計苦力怕

機器苦力怕起初看似是個大挑戰。它必須要看起來像苦力怕,最好能符合遊戲裡的比例,同時又要有機器人的功能。換句話說,不論外觀如何,苦力怕必須要容納所有必要的機器人元件,尤其是做為基礎的底盤套件。

首先從約 70 美元的 Actobotics Bogie Runt Rover 套件開始,裡面包含一個底盤、六顆馬達和六個輪子。組裝後的漫遊車底盤尺寸是 6×9 英寸,但是輪子有點突出,而且相當高,離地 6 英寸。我根據這個尺寸決定覆蓋面積的大小:12×8 英寸,剛好每個像素一英寸。

將一英寸的比例套用在整個機器人上就變成高 12 英寸、寬 8 英寸、深 4 英寸的機體、8 英寸的立方體頭部和 6×4×4 英寸的四隻腳。但是我決定將前後兩對腳分別合併成寬 8 英寸的方塊,因為機器人是用

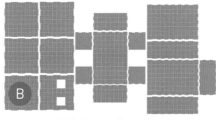

輪子移動，不用走路。圖**B**是我最後的設計。我建立向量檔案進行雷射切割，但你也可以直接用木材切割，或用其他材料發揮創意，例如：回收Amazon的箱子加上封箱膠帶做出便宜的簡化版。

接下來，我們要設計機器人的電子元件。它有什麼功能？要怎麼控制它？Minecraft的苦力怕以爆炸聞名，這個很明顯不能做。它也會轉頭，我們可以在機體內放伺服馬達來轉動機器人的頭部。苦力怕的眼睛在爆炸前會變紅。這很簡單！我們把NeoPixel Jewels放在它的頭部就行。

核心部分我還是採用經典的Arduino Uno，上面加裝馬達控制擴充板，用來幫助Arduino管理驅動馬達所需的高電壓，也簡化馬達的控制。說到控制，我做了一個基本的控制器（圖**C**），用三條線連接到機器人。

打造你的苦力怕機器人

1. 組裝漫遊車套件
首先處理Bogie Runt Rover（圖**D**）套件。在servocity.com/bogie有很棒的組裝教學影片。

2. 裝上機殼
將一個3³/₄英寸軌道裝到漫遊車上中間那組安裝孔，用大型螺絲盤和四顆螺絲從底面固定（圖**E**）。

3. 安裝頭部伺服馬達
用標準伺服墊圈將伺服馬達固定到軌道上。這時順便安裝用來將伺服馬達的軸連接到D軸的耦合器。圖**F**是完成的樣子。

4. 安裝機體軌道
將9英寸的軌道固定在已經安裝的3³/₄英寸零件。這裡使用雙螺絲盤，如圖**G**。

5. 裝上支撐樑
將第二條3³/₄英寸軌道（圖**H**）用第二個雙螺絲盤裝在9英寸零件上面。

6. 安裝軸承
安裝軸承，使它對齊伺服馬達的轉軸。前頁的圖**I**是完成的樣子。

時間：
一個周末

難度：
適中

成本：
200～300美元

材料

- » 合板：¹/₄"（8"×8"）和¹/₈"（約16平方英尺）或紙板（較容易操作）
- » Actobotics Bogie Runt Rover 套件 ServoCity #637162，servocity.com。內含堅不可摧的 ABS 頂板、六個凸塊越野輪胎、六顆驅動馬達。
- » 標準伺服墊圈 B ServoCity #575124
- » 伺服聯軸器，¹/₄" ServoCity #HSA250
- » 軸承，四角軸承臺，內徑 ¹/₄" ServoCity #535130
- » 固定螺絲轂，內徑 ¹/₄" ServoCity #545548
- » D 軸，直徑 ¹/₄"，長 12" ServoCity #634094
- » Actobotics 槽鋁，1¹/₂"：長 3³/₄"（2）和 9"（1）ServoCity #585443 和 585450
- » 螺絲盤：大方形（1）、小方形（1）和雙螺絲型（2）ServoCity #585430、585478 和 585472
- » 有頭內六角螺絲，#6 ～ 32 各種長度
- » Arduino Uno 微控制器板（2）機器人用一張，控制器用一張。
- » Adafruit 馬達擴充板 Adafruit #1438，adafruit.com
- » NeoPixel Jewel RGB LED 板（2）Adafruit #2226
- » 伺服馬達，高扭力 無品牌馬達即可，如 Adafruit #1142。
- » 伺服延長線 Adafruit #973
- » 電子線 我是 SparkFun 綜合纜線的愛用者，#11367，sparkfun.com。
- » 遊戲機按鈕（2）我使用標準按鈕，如 Adafruit #473，但我的是黑色。
- » 開關，SPST 型（2）標準單軸單切開關，如 SparkFun #9276
- » 可變電阻 SparkFun #9939
- » 迷你麵包板式 PCB Adafruit #1214
- » RGB LED SparkFun #105
- » 電阻：10kΩ（3）和 220Ω（2）
- » 三股線，長 6' 以上 用於連接控制器與機器人。可以用伺服線（ServoCity #57417），或把 10 股排線（SparkFun #10647）剪成三股。
- » 顏料，綠色及黑色
- » 電池：9V（2）、AA（4）
- » 9V 電池座，附 5.5mm/2.1mm 筒型插頭 如 Adafruit #67 或 80
- » 電池組，4×AA
- » 機器螺絲及螺帽，#4
- » 木螺絲，#4

工具

- » 電腦及 Arduino IDE 軟體，免費下載：arduino.cc/downloads
- » 雷射切割機（非必要）或以木板、紙板或其他材料切割
- » 烙鐵與銲錫
- » 電鑽與鑽頭
- » 螺絲起子
- » 木膠
- » 油漆刷

J

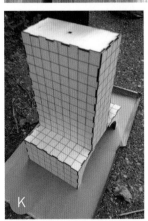

K

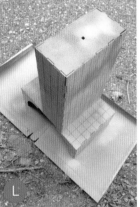

L

M

N

O

P

John Baichtal

7. 固定D軸

將D軸穿過軸承，並固定在伺服馬達的耦合器，如圖 **J**。

8. 組裝腳部及外殼

苦力怕的外殼由一組雷射切割的木盒形狀組成，靠重力維持在機器人上的位置，如圖 **K**。外殼都是由 英寸合板製成，除了頭部底座用¼英寸。我新書的下載內容（github.com/n1/MinecraftMakers）裡有這些藍圖，位於第9章的資料夾。

9. 上色

現在將機體和腳部漆成苦力怕令人心曠神怡的綠色。圖 **L** 是上一層漆的樣子。

10. 安裝外殼

顏料乾燥後，將外殼套到機器人上（圖 **M**），讓¼英寸軸從頂端伸出。應該會剛好通過沒有障礙。

11. 裝上頭部底座

拿8×8英寸方形¼英寸厚合板，鑽出¼英寸的中央孔和固定螺絲轂的安裝孔；接著用小方形螺絲盤固定螺絲轂。圖 **N** 是底座的樣子。

12. 打造頭部

組裝頭部的木板（圖 **O**）。一樣是用合板做成盒子，但這個要做出眼睛的孔。

13. 頭部上色

將頭部外側塗成和外殼相同的綠色，但臉部要加上黑色的部分。我建議把頭的內部塗成黑色（圖 **P**），讓眼睛看起來更黑。

14. 安裝Arduino

用4號硬體（圖 **Q**）在機器人下面找地方安裝Arduino。可以在Bogie的ABS底盤鑽孔，或使用現有的安裝孔。

15. 安裝馬達擴充板

將馬達擴充板（圖 **R**）安裝在Arduino正上方，讓擴充板的公排針插入Arduino的母座。

16. 連接伺服馬達

將伺服馬達的纜線接到馬達擴充板的 Servo 1 腳位，如圖 S。

17. 安裝9V電池

將9V電池安裝到底盤，但先不要插上（圖 T 是插上的樣子）。如此它會供電給 Arduino，但不會供給馬達。

18. 安裝電池組

將4個AA電池的電池組安裝到底盤並插入馬達擴充板的電源端子，如圖 U。這個電池組會獨立為馬達供電。.

19. 連接馬達

我們有六顆馬達，左邊三顆、右邊三顆。如圖 V 所示結合導線，讓M3馬達端子控制一側，M4控制另一側。Bogie的馬達較小，所以堆疊起來不會勉強馬達擴充板的能力。

20. 連接NeoPixel眼睛

眼睛部分，用兩個NeoPixel Jewels 來製作發出爆炸前的紅光警告。將Jewel 的VIN（紅線）和GND（黑線）腳位接到Arduino的GND和5V腳位。數據線從Arduino的數位6號腳位連接到第一個Jewel的IN腳位，接著在第二個眼睛從OUT連到IN（圖 W）。

21. 連接控制器

我們需要三條纜線來將苦力怕連接到控制器。從圖 X 可以看到有一條線接到 Arduino的數位0號腳位，另一條接到1號腳位，第三條接到GND。把它們連接到控制器上Arduino的對應位置。纜線的長度沒有限制，但6英尺差不多就夠了。

編寫苦力怕的程式

苦力怕是簡單的機器人，因此程式碼也很簡單，請見下頁的程式碼總覽：

Q

R

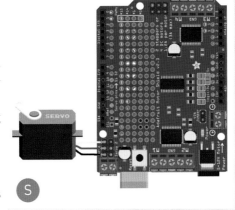

S

T

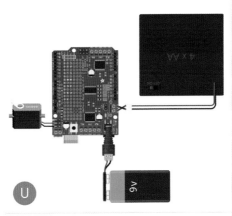

U

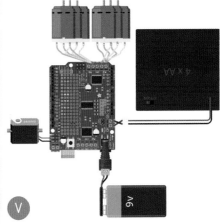

V

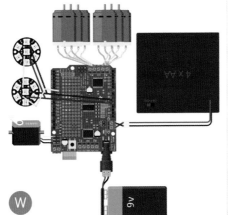

W

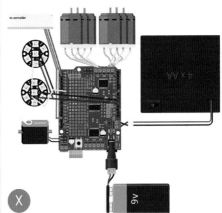

X

```
#include <Wire.h>
#include <Adafruit_MotorShield.h>
#include "utility/Adafruit_PWMServoDriver.h"
#include <Servo.h>
#include <Adafruit_NeoPixel.h>

Adafruit_MotorShield AFMS = Adafruit_MotorShield();
Adafruit_DCMotor *leftMotors = AFMS.getMotor(3);
Adafruit_DCMotor *rightMotors = AFMS.getMotor(4);
Servo servo1;

#define PIN 6
Adafruit_NeoPixel strip = Adafruit_NeoPixel(14,
PIN, NEO_GRB + NEO_KHZ800);

const int buzzerPin = 13;

void setup()
{
    Serial.begin(9600);
    AFMS.begin();
    servo1.attach(10);
    strip.begin();
    strip.show(); // 將所有像素初始化為「關」
}

void loop() {
    if (Serial.available() >= 2)
    {
        char start = Serial.read();
        if (start != '*' )
        {
            return;
        }
        char cmd = Serial.read();
        process_incoming_command(cmd);
    }
    delay(50); //限制更新速度
}

void process_incoming_command(char cmd)
{
    int speed = 0;
    switch (cmd)
    {
    case 0:
        //什麼都不做
        break;
    case 1:
        //驅動左側輪子
        leftMotors->setSpeed(200);
        leftMotors->run(RELEASE);
        break;
    case 2:
        //驅動右側輪子
        rightMotors->setSpeed(200);
        rightMotors->run(RELEASE);
        break;
    case 3:
        //點亮眼睛
        strip.setPixelColor(0, 255, 0, 0);
        strip.setPixelColor(1, 255, 0, 0);
        strip.setPixelColor(2, 255, 0, 0);
        strip.setPixelColor(3, 255, 0, 0);
        strip.setPixelColor(4, 255, 0, 0);
        strip.setPixelColor(5, 255, 0, 0);
        strip.setPixelColor(6, 255, 0, 0);
        strip.setPixelColor(7, 255, 0, 0);
        strip.setPixelColor(8, 255, 0, 0);
        strip.setPixelColor(9, 255, 0, 0);
        strip.setPixelColor(10, 255, 0, 0);
        strip.setPixelColor(11, 255, 0, 0);
        strip.setPixelColor(12, 255, 0, 0);
        strip.setPixelColor(13, 255, 0, 0);
        strip.show();
        break;
    case 4:
        //關閉眼睛
        strip.setPixelColor(0, 0, 0, 0);
        strip.setPixelColor(1, 0, 0, 0);
        strip.setPixelColor(2, 0, 0, 0);
        strip.setPixelColor(3, 0, 0, 0);
        strip.setPixelColor(4, 0, 0, 0);
        strip.setPixelColor(5, 0, 0, 0);
        strip.setPixelColor(6, 0, 0, 0);
        strip.setPixelColor(7, 0, 0, 0);
        strip.setPixelColor(8, 0, 0, 0);
        strip.setPixelColor(9, 0, 0, 0);
        strip.setPixelColor(10, 0, 0, 0);
        strip.setPixelColor(11, 0, 0, 0);
        strip.setPixelColor(12, 0, 0, 0);
        strip.setPixelColor(13, 0, 0, 0);
        strip.show();
        break;
    case 5:
        //將頭往左轉90度
        servo1.write(0);
        delay(15);
        break;
    case 6:
        //將頭往左轉45度
        servo1.write(45);
        delay(15);
        break;
    case 7:
        //將頭轉回前方
        servo1.write(90);
        delay(15);
        break;
    case 8:
        //將頭往右轉45度
        servo1.write(135);
        delay(15);
        break;
    case 9:
        //將頭往右轉90度
        servo1.write(180);
        delay(15);
        break;
    }
}
```

這個程式碼檔案「creeper.ino」位於github.com/n1/ MinecraftMakers的第9章資料夾。在Arduino IDE開啟， 接著上傳到Arduino。這個草稿碼的原理是透過序列連結來 接收來自控制器的指令，接著啟動適當的LED或馬達。你當 然也可以修改程式碼來微調機器人或給它新的動作。

打造控制器

我製作的控制器是簡單的6×4×2英寸合板盒子，放在手上尺寸剛好。

1.組裝盒子

同樣地，我在下載內容裡有放向量檔案。把盒子塗成紫色只是好玩。

2.安裝Arduino

用木螺絲將Arduino固定到控制器盒子底部（圖 Y ）。

3.連接按鈕

將兩個按鈕和控制眼睛的開關裝到迷你麵包板PCB，在Arduino的世界原理都一樣。將一條導線接到電源（圖 Z 的綠色線）。將其他導線（灰色線）接到Arduino數位9號腳位（開關）和5、6號腳位（按鈕），並且透過10K電阻接到GND。

4.安裝可變電阻

第一條導線接到電源，第三條導線接到GND，中間的導線接到Arduino的類比A0腳位。圖 AA 是連接完成的可變電阻。

5.裝上電池和電源開關

第二個開關控制供應給Arduino的電源。將它和9V電池串聯（圖 BB ），如果你的電池組已經有開關就跳過這一步。

6.安裝LED

找出RGB（三色）LED，忽略藍色導線，將紅色和綠色導線分別連接到數位第10和11號腳位，搭配220歐姆電阻來保護LED，並把共用陰極接到GND（圖 CC ）。

7.連接到機器人

將機器人的三條長線接到控制器上的相同腳位（圖 DD ）。

8.編寫控制器的程式

從GitHub網頁下載「purple_controller.ino」檔案並上傳到Arduino。

開始趴趴走

現在怪物已經準備好出動了。按下按鈕來操控機器人底座，同時用可變電阻轉動頭部，再用開關來點亮詭異的紅色眼睛！

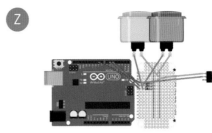

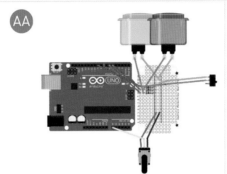

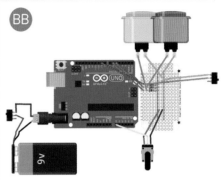

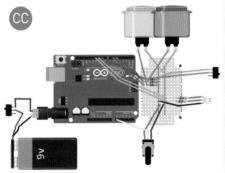

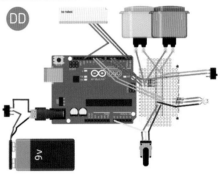

John Baichtal, Mojang

Make:
Minecraft for Makers

Minecraft in the Real World with LEGO, 3D Printing, Arduino, and More
John Baichtal

本專題節錄自《Make: Minecraft for Makers》，於makershed.com及其他通路皆有售。

小狗・快跑
Go, Dog. Go!

為需要幫助的寵物打造客製化輪椅

文：艾莉卡・夏邦紐　譯：七尺布

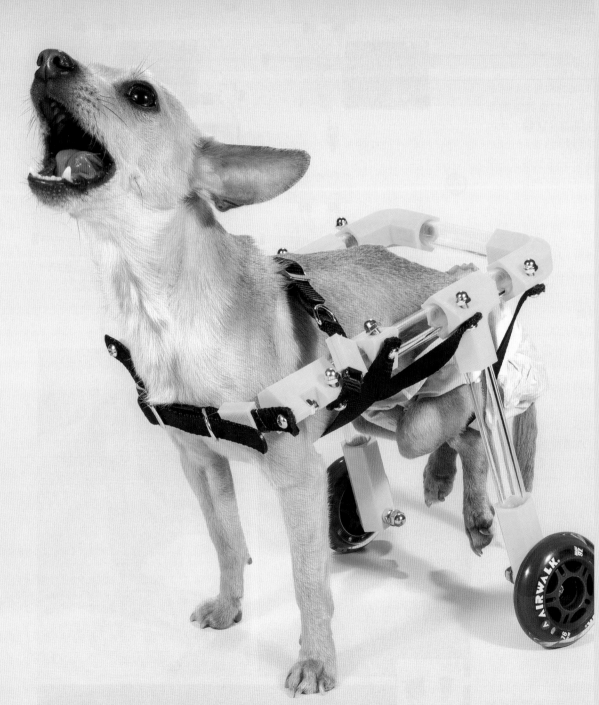

時間：
一個週末

難度：
簡單／中等
（只要能方便使用3D印表機，初學者也易上手）

成本：
50～75美元

材料

» **3D 列印好的零件（10）**檔案於 thingiverse.com/thing:1397964，以 PLA 或 ABS 線材列印
» **壓克力或鋁管（5～6）**體重 10 磅以下的狗狗用 5 根，較重的狗則用 6 根
» **輪子（2）**如 Razor 小型機車輪胎，Amazon #B000FDFCPA，amazon.com。體重 15 磅以上的狗狗，建議用更大的輪子
» **滑板軸承，標準型號（2）**如果輪子沒有附軸承才需要
» **項圈（2）**選用比狗狗體型稍大的尺寸
» **狗狗用的皮帶或繩子** 如果是大型犬，我建議使用兩條
» **小螺絲，10-24×3/4" 或你偏好的型號（10）**
» **大螺絲，10-24×3"（2）**用來將輪子固定至零件 E
» **有蓋螺帽，10-24（12）**
» **羊毛** 或其他偏好的填料

工具

» **3D 印表機（非必要）** 可以在 makezine.com/where-to-getdigital-fabricationtool-access 尋找可用的印表機或列印服務
» **螺絲起子**
» **可調式扳手**
» **剪刀**
» **捲尺**
» **打火機（非必要）**
» **金剛固力膠（非必要）**

有位朋友養的法國鬥牛犬臨時需要一臺輪椅，但是網購能買到的輪椅都太貴，他們負擔不起。於是我起身接下挑戰，為這隻可愛狗狗設計輔具，最後的成果非常棒，小狗莫芮（Murray）很喜歡她的輪椅！

後來，我又陸續打造了兩臺狗狗用的輪椅，持續改良這檔「FiGO」的設計並記錄過程，讓有需要的寵物主人自己嘗試和這項專題過招。

這個裝置使用3D列印參數設計的關節零件，能夠安裝至壓克力或鋁管。用Thingiverse上的Customizer（客製化工具），你也能根據狗狗的需求，輕鬆修改管件的接合方式或外觀。

現在可以在軟體工具中輸入不同螺絲尺寸、管徑外緣長度、輪子安裝角度及狗狗的體型，就能預覽各種版本的客製化輪椅。不過也可以在Thingiverse上直接下載標準版（thingiverse.com/thing:1397964）。我正在努力讓每個零件都能依照你家狗狗的體重客製化加固。目前只得直接手動調整零件尺寸才能做到。

專題中其他材料都可以在一般五金行或amazon.com網站找到。

1. 幫狗狗量尺寸

你需要用正確方式測量毛小孩的體型，才能決定輪椅的適當尺寸。圖❶為三個需要測量的尺寸數據示意圖。數據A是寵物的體寬，數據B是身高、從地板算起到肩骨最上方為止，數據C是從胸部到尾巴的長度。

測量完後，還需要算一下數學，決定輪椅組件的管子需要的長度。總共需要6根管子，依照以下指示計算長度：

» 寬管2根：數據A加1英寸。
» 長管2根：數據B減車輪半徑再減1英寸。
» 高管2根：數據C減2英寸。

我建立了一份Google試算表（makezine.com/go/pet-wheelchair-calculator），只要輸入量到的狗狗體型尺寸，就會直接

艾莉卡・夏邦紐
Erica Charbonneau
一位創意技術專家、包容性設計（inclusive design）研發者。近期於多倫多的安大略藝術設計大學（OCAD University）取得設計與包容性設計碩士學位。她對社群如何共同設計、研發、製造與分享可上網下載的輔助技術很感興趣。

重要： 若對輪椅製作和合適度有任何考量，先與你的獸醫討論。

幫你計算。點選File（檔案）→Save a Copy（另存新檔）就能在個人電腦上編輯。

2. 3D列印接合零件

將十種接合零件A至E列印出來（圖❷）。零件A、C、D和E需要各印兩個，做為輪椅兩側對稱零件。

零件B有一對左右對稱版，把這兩個檔案都印出來（在Thingiverse上的檔案區都有提供）。

3. 打造FiGO骨架

拿起兩個接合零件A和一個寬管，在管子兩端各接上一個接合零件。確認供皮帶穿過的小耳朵那邊朝向如圖❸所示的方向。

接下來將接合零件A各接上一根長管（圖❹）。

再將兩個接合零件B各自順著兩根長管塞進去，直到與零件留下約1英寸的距離（這個距離會根據輪椅尺寸有所不同，之後可以配合寵物體型輕鬆調整）。注意零件的小耳朵都要朝向輪椅外側以及後方（零件A方向），如圖❺所示。

現在接合零件C也比照辦理，注意小耳朵要朝向輪椅外側（圖❻）。

將兩個接合零件D套進長管末端，小耳朵朝外（圖❼）。

將兩個高管（依照數據B裁切的管子）放進接合零件B（圖❽），然後暫時把這個輪椅骨架放一邊。

現在拿起兩個接合零件E和其餘的寬管，全部接合起來（如下頁圖❾）。（如果狗狗體型不到10磅，就可略過這個步驟，直接列印另一版沒有支撐架的零件E。）

將兩個零件E都接到骨架的高管上（圖❿）。

如果你的輪子沒有附軸承，記得要安裝。然後將輪子用3英寸螺絲與零件E鎖在一起，罩上有蓋螺帽（圖⓫）。有可能會用到螺絲起子或扳手。

最後，把皮帶裝上去（圖⓬）。皮帶的

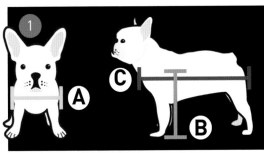

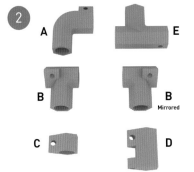

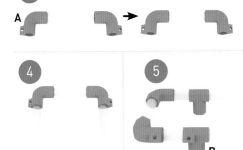

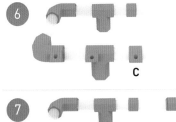

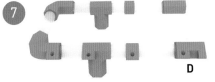

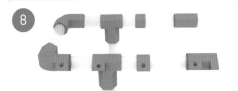

兩個項圈都要栓在輪椅前方的接合零件 **D**，剩下的部分直接拿一般牽狗的皮帶來用（或是你弄得到的任何吊帶）。零件 **A** 需要更長的帶子繫住狗狗的腳。零件 **B** 和 **C** 是給肚子用的，尺寸須相同。

把項圈剪成對半（圖 **13**）；直接用現有的釦子調整長度。之後需要的話可以再裁短一點。帶子一定要拉得很牢固。

要測量身體用的皮帶長度，可以先讓狗狗站在輪椅裡面，用皮帶繞著牠的身體，估算需要的長度。繫腳的皮帶要比繫肚子的皮帶稍長。

用剪刀剪下皮帶後，用打火機快速燒一下尾端，預防線頭散掉。把所有皮帶剪好之後，用剪刀在每條皮帶兩端都戳一個孔（項圈用的皮帶只要戳剪斷的那一邊就好）。可以的話用烙鐵將孔燒穿會更好（圖 **14**）。這樣塑膠會被融化，預防線頭散掉。

用³/₄英寸螺絲和有蓋螺帽把皮帶繫到每個接頭的小耳朵上（圖 **15**），確認全部都拉緊。（此處圖片中的是作品原型，用的是不同型號的螺絲）。

用用看

狗狗們都需要一段時間適應輪椅。有些狗狗一下就習慣了，有些從一開始就不喜歡。要讓狗狗跟輪椅相處愉快還需要一點訓練。

我已經和三隻狗相處過，發生過以下狀況：有一隻覺得很舒適，一下就習慣了；有一隻容易緊張，多愁善感；還有一隻沒自信的小狗。我學到的經驗是直接把輪椅放在居家空間，讓狗狗自己接近聞聞看，會很有幫助！●

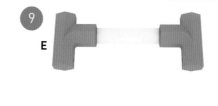

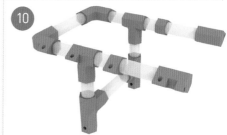

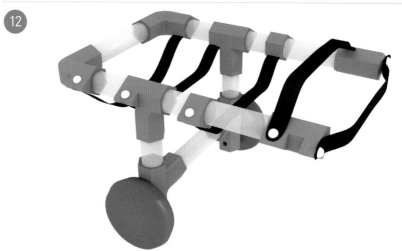

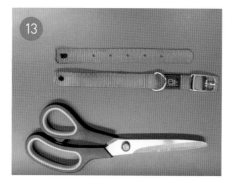

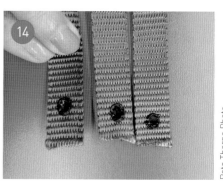

Pete Thorne Photo

提示：FiGO 輪椅製作完成之後，兩個接合零件 **A** 之間的寬管及連接零件 **B** 和 **C** 的高管，可以用金剛固力膠黏接，確保輪椅夠穩固。如果狗狗很輕那就不必費心，不過對體重偏重的狗狗，還是建議在輪椅加上此步驟。

Toy Inventor's Notebook

迷你木箱鼓 文、圖：鮑伯・聶茲傑爾　譯：編輯部

你已經用香菸盒做了一個烏克麗麗嗎？這次要介紹的是它的姊妹作，讓樂團加入打擊樂器：迷你木箱鼓。它有種特別的音色，所以我叫它「變音鼓」（譯註：Vari-Tone，與男中音 baritone 取諧音）。把木箱鼓夾在兩腿中間，底部會開闔，改變音色；闔起時音色較暗、較低沉，打開時較亮、較尖銳，或是自行調整介於中間的音色。這就像為木箱鼓裝了哇哇效果器踏板！

盒蓋連接處連接了安裝彈簧的「槳」，把槳朝內按下時，雙臂曲柄（swivel）旋轉環會把盒蓋推開（圖Ⓐ）。另一個旋轉環則與盒蓋的鉸鍊平行，保持動作順暢，此處也有一個彈簧讓盒蓋關閉。

圖Ⓑ是這個機制的分解圖。我用鋸子和銼刀削了一根木釘，做為鏈接處，然後裁一片 0.09 英寸厚的苯乙烯塑膠做為雙臂曲柄。我特地在雙臂曲柄的洞內刻螺紋，方便用螺絲組裝，當然用墊圈和螺帽也可以。其他轉環則以鑽桿的壓接式小鑽頭釘住。不過木螺絲也一樣適用。在盒子上安裝彈性夠、放得進木釘的彈簧線圈。在木釘上鑽洞，用一小段線把彈簧按進去，這樣組裝時彈簧可以抵住盒子外側。

選擇盒子時，選底部為木製的菸盒，音色才會好聽。我還用有弧度的槳以配合我的腳型，把它用膠帶黏到盒子外側，作用如同鏈接的槳，與彈簧的力量相抵。🅝

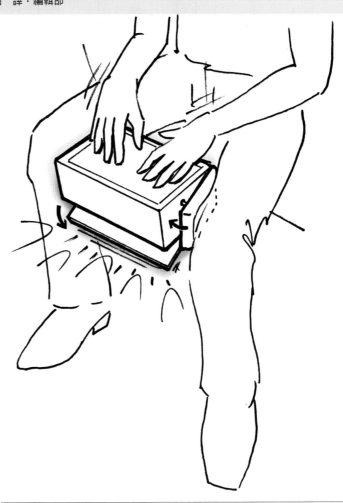

材料

- » 有木製底部的香菸盒
- » 木釘，直徑 3/8"
- » 塑膠，厚 1/8"
- » 小機器螺釘、螺帽和墊圈 如果你用線接上雙臂曲柄則不需要螺帽和墊圈。
- » 小的木螺絲
- » 彈簧線圈，壓縮型，以配合木釘大小
- » 塑膠或木材以製作槳
- » 一些電線

工具

- » 鑽具和鑽頭
- » 手持線鋸或帶鋸
- » 美工刀
- » 銼刀
- » 螺絲起子
- » 膠帶
- » 螺絲攻（非必要）

**鮑伯・聶茲傑爾
Bob Knetzger**
一位設計師、發明家兼音樂家，他製作的玩具不僅得過獎，也出現在《The Tonight Show》（吉米法倫今夜秀）、《Nightline》（夜線）與《Good Morning America》（早安美國）等節目中。他的著作《Make: Fun!》在 makershed. com 與各大書店皆有販售。

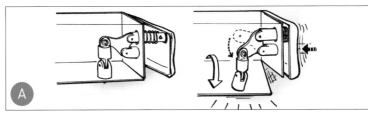

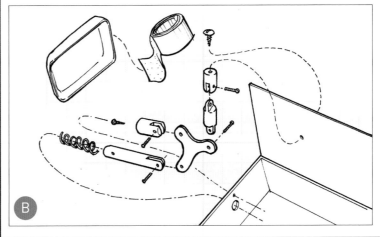

鍵盤手柯基
Corgi Keyboard

文：艾希莉‧錢　譯：曾筱涵　　如何打造我第一個會演奏的填充娃娃

艾希莉‧錢
Ashley Qian
白天是軟體工程師，
晚上化身為藝術家，
擁有一顆赤子之心。
ashleyqian.com

左邊是鍵盤手柯基 V2，
右邊是吉他手長頸鹿 V1

DIY .org有個傳統稱為「神祕聖誕老人DIY」，要為指定同事創作一份禮物，這是我最喜歡的傳統，也是學習新技能的好機會，我是亞當（Adam）2016年的神祕聖誕老人（圖A）。

那年，我一直很想學習電子相關技能，所以我決定為亞當製作一個柯基造型的電子鍵盤。

構想的生成

我有好多疑問，聲音究竟從哪發出來？要如何觸發聲音？而且，說到底這也算是電子樂器，究竟該買哪種邏輯板？柯基娃娃要用什麼材料製作？柯基的配件又要如何與電子元件結合？

我為自己欠缺的種種知識感到不知所措，於是，我試著將問題拆解為幾個較小的部分，從最淺顯易懂的原則著手，那就是：按下柯基身體某個部分，柯基就發出聲音（圖B）。

了解有哪些設計上的問題後，針對不懂的部分，我開始逐一尋求答案。

如何「彈奏」柯基？

簡單的按鈕設計（圖C）似乎是觸發聲音最簡單的方式，但我覺得娃娃身上有按鈕看來很奇怪，除非再想個方法遮住按鈕……。

由於我想做的是柯基鍵盤，參考鋼琴優美的視覺設計便不無道理。我可以打造一個機制，只要按壓某個像琴鍵的東西，就能觸發按鈕（圖D）。這也表示柯基的配件要用有硬度的材質製作，像是木頭、硬紙板或壓克力。

雖然搞懂如何使用雷射切割機裁切壓克力板，或者來趟木工學習之旅也很有趣，但我決定採取替代設計方案，使用自己較熟悉的材料來製作。就在那一刻，我意識到用手指來戳或按壓東西不僅方便，還相當導電（圖E）！

依此設計，我可以製作附有觸控板的柯基娃娃，只要按壓它就能觸發樂音。

柯基娃娃如何解讀訊號，並將輸入訊號轉譯為聲音？

柯基是否發聲取決於會導電的訊號觸發板，再透過運算板決定發出哪種樂

A 認識亞當！

他是軟體工程師
喜歡柯基
喜歡音樂製作

B 設計問題 #1

戳！
柯基上需有觸壓式觸發鍵

設計問題 #2

戳！
柯基娃娃需能將每次按壓轉譯為正確的樂音

設計問題 #3

柯基娃娃要能發出樂音

C 1.按鈕

D 2.按鈕的設計靈感來自鋼琴鍵

柔韌的外殼

底部

某種有硬度的材質，讓按鈕免於誤壓

E 3.導電開關

導電線材
導電的布質觸控板

用手指連接間隙並接通電路

音。為了解該使用哪種運算板，我做了點研究，並針對幾種我所知的運算板列出個別的特性（圖 F）。

最後我決定使用 Makey Makey，因為這是做出可行專題原型最快的方式。我只需要把鱷魚夾夾上會導電的表面，再將 Makey Makey 插入電腦，把它導向當不同觸控表面觸發，便會發出樂音的網站。（圖 G）

設計並縫製娃娃

我以前從未縫製或設計過娃娃，所以我竭盡所能尋找娃娃的版型。Google 圖片和 Pinterest 是研究版型的好地方。就在我依狗狗的版型用廢紙和膠帶完成娃娃原型後，我注意到所有版型都頗為類似，我利用從中學到的基本概念加以調整，創造出自己的娃娃版型（圖 H）。

電子和織品的十字路口

最後一步是弄清楚如何將 Makey Makey 連到娃娃每個爪子上的導電觸控板兩端。我知道 Makey Makey 的運作方式是使用鱷魚夾，將會導電的東西與電路板連接起來，所以我認為使用導線做連接應該大同小異。

但我錯了，當爪子其中一端（接地）的導線與另一端（按鍵）第二條導線觸碰在一起，我馬上意識到會有問題。鱷魚夾上的導線有塑膠絕緣，但我用的導線沒有，這表示即使我的手

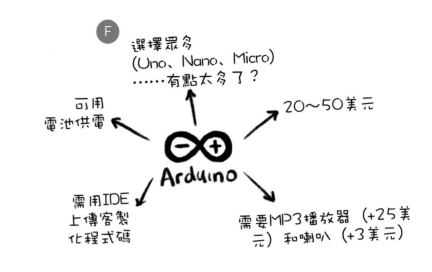

F

選擇眾多（Uno、Nano、Micro）……有點太多了？

可用電池供電

20～50美元

需用 IDE 上傳客製化程式碼

需要 MP3 播放器（+25美元）和喇叭（+3美元）

Arduino

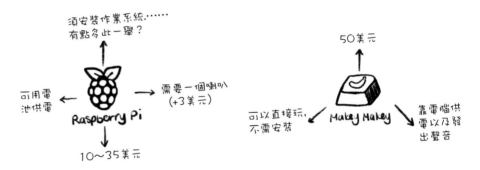

須安裝作業系統……有點多此一舉？

可用電池供電

需要一個喇叭（+3美元）

Raspberry Pi

10～35美元

50美元

可以直接玩，不需安裝

Makey Makey

靠電腦供電以及發出聲音

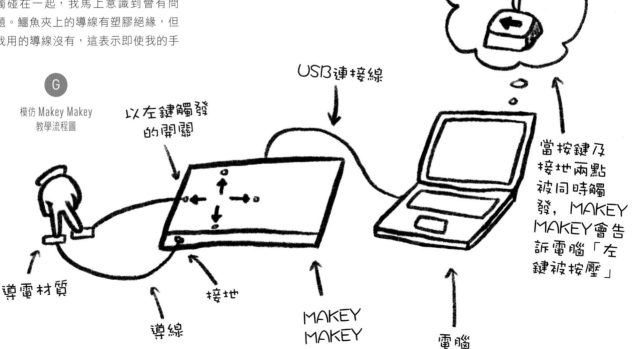

G

模仿 Makey Makey 教學流程圖

以左鍵觸發的開關

USB連接線

當按鍵及接地兩點被同時觸發，MAKEY MAKEY 會告訴電腦「左鍵被按壓」

導電材質

導線

接地

MAKEY MAKEY

電腦

H

觀察 #1

大部分4隻腳的動物娃娃本體設計都呈
三角柱體……再加上四肢和頭部

三角柱體

加上四肢

加上可愛的
柯基頭臉

觀察 #2

大部分狗娃娃版型都有一塊頭冠，讓頭
部看起來有一定寬度。頭冠愈寬，頭部
看起來就愈飽滿

沒有頭冠

有頭冠

我的版型

外耳
x2

腹部
X1

內耳
x4

身體&頭部
X2

x1

頭冠

I

✗ 錯誤！

導線不該交疊，
否則MAKEY
MAKEY會被
不小心觸發

✓ 正確！

確保導線之間有
放填充物，以免
相互觸碰

指沒有按下觸控點，只要兩條導線一
接觸，Makey Makey就會導通並觸
發按鍵！我花了好幾個小時，很仔細
地把棉花塞到導線間，設法讓導線不
會互相觸碰（圖 I ）。

後見之明

我完成第一個會唱歌的娃娃至今已
經一年了（圖 J ），後來我又做了幾
個朋友陪它玩（圖 K ），這些娃娃還
一起在兩個Maker Faire中亮相（灣
區及紐約Maker Faire ）。

回顧這一切，我從原始設計中做
了許多改變。基於成本及客製化考
量，後來我把Makey Makey換成
Adafruit Feather BlueFruit LE電
路板；還加了一條拉鍊，方便拿取電
路板。另外，我使用熱縮套管包覆導
線，避免錯誤觸發。現在我試著把導
線焊接到押扣上，如此一來，電子模
組便能與娃娃相扣或取下。

我從中學到很多東西，難以想像一
年前的我還對電子零件和娃娃設計一
無所知，但若不去嘗試、實驗或犯錯，
我永遠不會走到這一步。

我已經等不及想看看自己還能創作
出什麼東西了。⊘

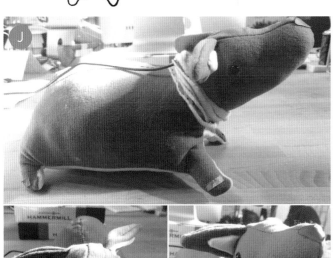

請至Maker Share網頁欣賞更多創作：makerhare.com/projects/corgi-keyboard-v1

Dragonfly Helicopter

蜻蜓直升機
從無到有打造馳騁天際的 風力飛行器！

文：斯萊特‧哈里森、瑞克‧謝爾特 譯：曾筱涵

Hep Svadja, Rick Schertle

時間：
30～60分鐘

難度：
容易

成本：
2～3美元

材料
- » 透明膠帶
- » 吸管
- » 附塑膠棒的棉花棒
- » 塑膠瓶，2公升
- » 迴紋針
- » 發泡免洗餐盤
- » 硬紙板，少量
- » 1/8" 超級運動橡皮筋繩 faimodelsupply.com 可取得，每架直升機需用長度為11"
- » 列印 8½"×11" 的模板 至 makezine.com/go/ dragonfly -helicopter-pattern 下載，請以實際大小列印，不要選擇符合頁面大小。

工具
- » 尺
- » 剪刀
- » 圖釘
- » 打孔機，1孔
- » 熱熔膠槍，10瓦 愈低溫愈好
- » 尖嘴鉗
- » 剃刀刀片

Q：為什麼要把直升機做成蜻蜓的樣子呢？
A：我沒有——至少不是刻意的，我想製作一架效能、速度都無與倫比的直升機。機翼本身有至關重要的功能：避免機身過於旋轉，因此螺旋槳葉產生的升力才能發揮最大作用。我發現把細長的機翼黏在機身頂部效果最佳！——斯萊特·哈里森

瑞克·謝爾特
Rick Schertle
在加州聖荷西 Steindorf Steam 八年制學校經營 Maker 實驗室，同時也是《mBot For Maker》一書作者及 Airrocketworks.Com 共同創辦人。

斯萊特·哈里森
Slater Harrison
在為孟加拉鄉村工業製造機器的過程中學習創新工程，在為期 28 年的國、高中科技老師任期中學會忍耐。

一切始於螺旋槳

幾年前，我在網路上認識斯萊特·哈里森（人稱「科學玩具自造者」，sciencetoymaker.org）。我們彼此志同道合，對很多事情的想法都頗為相似，並透過電子郵件一直聯繫至今。斯萊特和我一樣是位老師，他的科學專題相當出色，用的都是現成的材料，預算有限的公立學校教師也能負擔。我特別喜歡他的飛行專題，並在我的書《飛機、滑翔機與紙火箭（暫譯）》（Make：出版）裡特別介紹他的踩踏火箭設計。我喜歡的飛行專題通常沒有高深的技術，大部分的人都能以低成本成功製作。而蜻蜓直升機恰好符合這些條件！

幾年前，我在紐約 World Maker Faire 第一次看到蜻蜓直升機。最近，斯萊特改良了這款橡皮筋動力直升機，讓整體設計更加完善。「用廢棄的2公升飲料罐做出比市售優質的螺旋槳，真是令人信心大增」他說，「你的飛機將在沒有電池的情形下飛得比樹木還高。還有一點與模型機不同，模型飛機的機翼若稍有變形或歪斜，穩定性就會大受影響；直升機的飛行狀況卻總是一如往常地好。不僅如此，靠氣流飛行的直升機成本不高，每位學生花不到1美元就能製作一臺。」

我和我的中學學生一起製作此專題，他們喜歡看直升機以千奇百怪的路徑飛向空中，也愛研究如何微調設計，觀察整體飛行的變化，只要花點時間，準備簡單的材料，你也能體驗高速飛行的樂趣！」
——瑞克·謝爾特

1. 列印模板

請至 makezine.com/go/dragonfly-helicopter-pattern 下載模板，用標準的8½英寸×11英寸紙張（譯註：Letter Size）列印。列印完成後，請拿尺測量，確保列印結果為為經縮放的實際大小，並非以列印選項中的「配合紙張調整大小」列印。要製作固定螺距的蜻蜓直升機，你會用到模板上的所有東西。

2. 組裝旋翼系統

首先折出旋翼軸。請將一個小迴紋針拉直，用 Sharpie 馬克筆在金屬線5cm處做記號，再用尖嘴鉗的內側剪口，將金屬線自記號處剪斷；接著依模板所示（圖 A），用鉗子尖端彎折，將金屬線從勾勾折成菱形。為了讓折彎處堅固又俐落，請施加壓力在緊靠鉗子的金屬線上（圖 B）。

接下來要裁剪螺旋槳轂，請從塑膠棉花棒上切下5cm長的塑膠管，在中心點（2.5cm）做記號，然後用圖釘在中心點戳一個洞（圖 C）。為了安全起見，請將圖釘插入廢紙板後放置一旁。

接著再拿一根棉花棒，切下13mm製作旋翼軸的軸承。然後用打孔機在2公升的塑膠罐上打孔，當作墊圈，用圖釘在中心刺一個洞（圖 D）。

按順序將各零件滑進旋翼軸：分

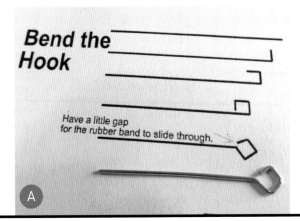

Bend the Hook

Have a little gap for the rubber band to slide through.

(A)

(B)

(C)

(D)

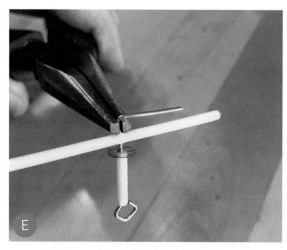

Fixed pitch gauge

bottom

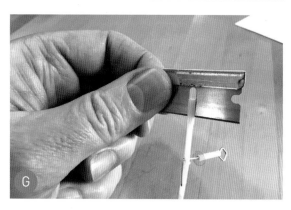

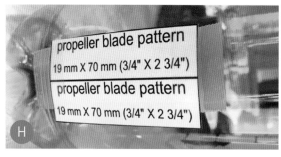

propeller blade pattern

19 mm X 70 mm (3/4" X 2 3/4")

propeller blade pattern

19 mm X 70 mm (3/4" X 2 3/4")

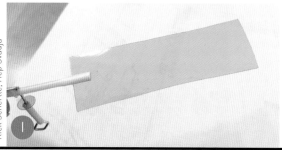

別是軸承、墊圈以及螺旋槳轂。然後將金屬線末端彎折成90°，留一段擺動空間，讓螺旋翼軸能在塑膠軸承中轉動（圖 E），將折彎的線剪斷留下約1cm，用透明膠帶黏貼固定在螺旋槳轂上。

3. 制定螺距，加上槳葉

現在，我們要固定直升機螺旋槳的螺距（角度），做法是將螺旋槳轂夾扁，再切出縫隙以支撐塑膠槳葉。槳葉的斜度讓螺旋翼系統轉動時可「抓住」氣流，將直升機向上帶。

剪下模板上的固定螺距量尺，黏在尖嘴鉗下半部（圖 F），以螺距量尺標示的22½°斜角夾住螺旋槳轂，用力壓夾，兩端都重複此動作。

現在，被夾扁的棉花棒兩端有摺痕，請依摺痕小心切出切口，這樣就變成兩片襟翼了（圖 G）。組裝旋翼系統時，請戴上手套或用布保護你的手指。

接著，從模板上剪下槳葉的圖樣，貼在2公升塑膠罐上平滑的部分（圖 H），並剪下該部分塑膠，做為槳葉（如果想一次製作多個槳葉，請用這個模板 makezine.com/go/many-blades-pattern）。

將槳葉放入螺旋槳轂切口縫隙中，槳葉凹面朝下（圖 I）。確定槳葉對齊槳轂後，用膠帶固定兩側槳葉，再修剪膠帶，槳葉銳利的角也請稍做修剪，以策安全。現在，請握住轉軸，當你在空氣中到處移動，螺旋槳應該會像風車一樣轉動！

4. 製作橡皮筋繩環

剪一段11英寸（28cm）長的橡皮筋繩，將橡皮筋繩兩端並列，打一個反手結（詳細説明請參閲 makezine.com/go/rubber-knot）。綁緊一點，接著調整繩環，將繩結向下推到最底部（圖 J），完成後先放在一旁。

5. 製作機身，固定螺旋槳系統

如模板所示，剪兩根5½英寸長的吸管（如果你用的是可彎曲吸管，此長度大約是以吸管彎曲處為分界較長的那段），再用透明膠帶將兩根剪好的吸管頂部和底部相黏。

從發泡免洗盤剪下兩塊大小為1cm× 0.5cm的方形。將它們如三明治般相疊，中間塗上膠水黏合，再如圖 K 所示黏在吸管頂端，做為旋翼系統與機身間的墊圈。

現在，抓住螺旋槳轂的零件，依圖示將軸承黏到墊圈上，重要的是別黏到螺旋槳，如此槳葉和旋翼軸才能旋轉自如。

6. 加入機翼及橡皮筋

將發泡餐盤切成大小10 cm× 4.5 cm的長方形，做為機翼。將機翼放在兩根吸管間，調整位置至距離機身頂部約25 mm（1英寸）處，對齊置中，再用膠帶固定。

若沒有機翼，機身只會快速旋轉而無法飛上天空，機翼微微上翹的設計稱為反角（dihedral），可用來增加飛行穩定性。你可以選擇將機翼分割為四片，看起來更像「蜻蜓」，也可以為機翼裝飾一番。

依圖 L 所示，在機身底部切出一個小角度的切口，用來固定橡皮筋，然後，剪一段2.5cm長的棉花棒，黏在機身底部。

最後，將橡皮筋一端鉤住旋翼軸的鉤鉤，另一端鉤在機身底部的棉花棒上，讓繩結位於底部，如圖所示。

你的直升機就大功告成了！ ◈

> **重要：** 辦公室用的橡皮筋力道不夠，為了讓你的蜻蜓機飛得更遠，你需要橡皮筋動力飛機專用的橡皮筋，像是「運動用」或「工藝用」橡皮筋。

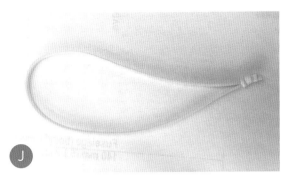

J

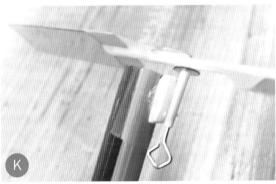

K

L

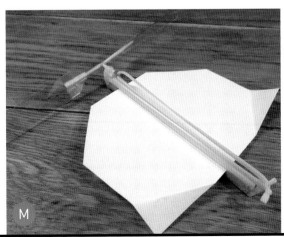

M

現在讓你的直升機起飛吧

飛行與調整！

讓直升機飛上天的方法是順時針旋轉螺旋槳——最多轉150次——然後放開！

你的蜻蜓直升機可能會在空中彈來彈去，原因是螺旋槳重量需要平衡。請先取下橡皮筋，將蜻蜓轉向側邊，讓螺旋槳垂掛空中。此時較重的槳葉就會向下轉動，請將較重的一葉稍做修剪，或者在較輕的那一葉加點膠帶，直到槳葉處於任何角度都能保持平衡不動。

為了讓蜻蜓直升機飛得更高更遠，你可以在橡皮筋上塗抹嬰兒洗髮精或肥皂水，減少摩擦；但千萬別用基底含有石油、油脂或油類成分的潤滑劑，這些成分會破壞橡膠。

蜻蜓直升機在有挑高天花板的室內或者室外環境都能順利飛行！

改造你的蜻蜓直升機

試著用不同材料製作機翼和機身，或是用角度不同的槳葉做實驗，可獲得一番樂趣。

機翼的替代方案

發泡免洗盤的重量、厚度及密度存在很大的差異，將影印紙裁剪成四分之一的大小做成機翼也是可行的方法。請剪去上面兩個角，避免紙張拍動，再凹折下方兩個角，增加飛行穩定性（圖 M ），雖然這種做法讓飛機再也不像蜻蜓，卻可換來絕佳的飛行穩定性及流暢度。

發泡材質機身

超市盛裝生鮮肉品的發泡托盤也很適合用來製作機身，邊角部分可用來做為組裝螺旋槳的墊圈。

更簡單的做法

你可以用小木棒製作機身，使用市售的現成螺旋槳。雖然直升機的重量會因此變重，無法飛那麼高，但對年紀小的Maker來説製作起來較容易。

改變螺距

製作不同螺距角度的螺旋槳，或試著打造可變螺距的蜻蜓直升機，相關資訊請見以下網址。此做法會稍加複雜，但藉由改變螺距，你可以找到直升機的最佳角度。

想看更多改造方法及詳細的製作影片請至：
sciencetoymaker.org/dragonfly-helicopter

Curing Cuteness

療癒系可愛小物 在樹脂翻模時嵌入電子元件當裝飾，打造可愛配件

圖文：瑞秋・王　譯：曾筱涵

樹脂工藝搭配電子元件不僅樂趣無窮，更能激發無限創意，樹脂完全固化後的質地非常堅硬，任何鑲嵌其中的電子元件可免受外界因素造成的毀損，獲得安全穩定的保護，適用於各種專題。

樹脂有許多優點：不僅防水、耐磨損且外表美觀。與其他用來鑲嵌的材料相 比，樹脂不僅光澤清透，只要搭配矽膠模具，還能像3D列印般精確掌握最後成形的模樣。這種特性讓我們可以隨心所欲地製造任何東西，尤其是那些漂亮的配件，像是錶面或是戒指、吊墜等飾品。

使用哪一種樹脂與你選用的矽膠模具有關。若矽膠模具是不透明的，聚合物樹脂便是上上之選，這種樹脂在室溫下固化需要24小時；紫外線（UV）固化樹脂則需搭配半透明的矽膠模具，如此紫外線才能穿透模具，進而使紫外線樹脂完全固化。這種樹脂的固化速度非常快，幾乎是立即固化。

即使樹脂已固化，表面可能也會有好一段時間會黏黏的；因此，預留時間將其放乾也是重要的一環。

1. 準備樹脂

請依你所購買的樹脂包裝指示進行混合，比例精確非常重要，如此樹脂才能順利固化。

2. 添加著色劑和／或裝飾

準備好樹脂後，使用竹籤攪拌著色劑、發光粉或其他裝飾用料。著色劑的部分，僅可使用建議範圍內的顏料，以免影響液體的混合比例。如果你的專題用了不止一種顏色，每種顏色請分別使用不同竹籤。

3. 將樹脂倒入矽膠模具

用竹籤做為輔助，將樹脂填滿模具各個角落（圖A），並確認沒有產生大型氣泡

瑞秋・王
Rachel Wong
（@konichiwakitty）希望在實驗室中以幹細胞培養眼球，並尋找治療失明的方法，這是她博士研究的一部分，她同時利用電子元件打造穿戴式時尚科技。

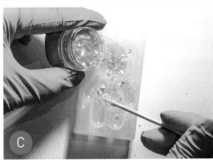

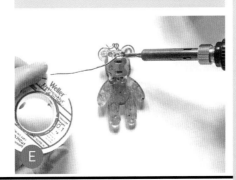

（大氣泡固化後會在你的專題裡留下一個大空隙）。使用電子打火槍在樹脂表面（圖 Ⓑ）稍微加熱，促使表面氣泡浮出消失。

4. 在樹脂表面添加裝飾品

為了能在樹脂表面看到裝飾品，請用竹籤調整飾品位置，將飾品推到模具底部（圖 Ⓒ）。視情況以長火焰打火機去除氣泡。

5. 加入 LED

你可以依個人喜好加入數顆LED，不過重要的是，請記得正負極接腳的位置會影響最終電路配置，LED數量愈少，電路就愈單純。在此步驟中，我用竹籤扶著LED，以利其在樹脂固化過程中保持在適當位置（圖 Ⓓ）。

6. 焊接並完成電路

樹脂完全固化後，請規劃好電路，將各LED接腳與電池座並聯焊接（圖 Ⓔ）。LED的正負接腳沒有絕緣，為了避免短路，請用熱縮套管將LED接腳絕緣。

大功告成

有時樹脂邊緣會不太平整——這時請用電動指甲銼刀或細砂紙磨平。不過，磨砂過程可能會降低光澤；為了維持水晶般的透亮，你可以拋光加工，或讓樹脂呈原蓋形（domig）。完成樹脂製作後，可以手鑽掛鉤或加上別針進一步改造，將樹脂做成徽章。

將簡單的LED電子元件嵌入樹脂中只是穿戴式時尚的第一步嘗試，你還可以嘗試在較大型的專題中嵌入感測器等不同電子元件，讓樹脂的應用範圍更加廣泛！ ◐

注意： 樹脂調製過程中請注意通風，戴上手套及口罩。

警告： UV樹脂在固化過程中會升溫！

小心： 請勿使用裝過樹脂的矽膠模具盛裝食品

時間：
一個周末

難度：
適中

成本：
50～90美元

材料

» 透明聚合物樹脂（樹脂 500～250 克、硬化劑 250 克）TotalCast
» UV 樹脂，硬化劑（200g）Qiao Qiao DIY
» 著色劑
» 發光粉、五彩紙屑和其他裝飾用品
» LED 小型專題中我比較喜歡用變色 3mm LED
» 鈕扣電池，CR1220 或 CR2032
» 鈕扣電池座 Kitronik

工具

» 量杯 用於量測 1:1 TotalCast 樹脂
» 竹籤
» 矽膠模具，半透明和不透明
» 電子打火槍或火柴
» 紫外線燈（UV）
» 電動指甲銼刀或砂紙
» 烙鐵 可調溫式
» 包藥焊線
» 剪線鉗
» 手套
» 口罩

訣竅

» 固化過程中，請避免專題接觸到灰塵。
» 請避免於自然光下使用 UV 樹脂，自然光會使樹脂固化。
» 若要檢查樹脂是否需要更多時間放乾，可用手指關節輕敲表面——請避免留下指紋。
» 你可以打磨壓克力表面協助 LED 光線擴散，讓光線更有效率地穿透樹脂，或是購買擴散型 LED。
» 電子元件嵌入樹脂前，請務必測試零件能正常運作，並規劃好電路配置，樹脂固化後，一切就無法修改。
» 矽膠模具和量杯可用肥皂水沖洗，無法浸在水裡的工具可用含有清潔劑的廚房濕紙巾加以清潔。

貝基・斯特恩
Becky Stern
是 Autodesk 兼 Instructables 內容創作者，同時也是數百種教程的作者，教學內容橫跨電子學到針織，曾擔任《MAKE》雜誌影片製作人以及 Adafruit 穿戴式電子產品總監。

凱特・哈特曼
Kate Hartman
是多倫多安大略藝術設計學院（OCAD）大學副教授，帶領社會身體實驗室，該團隊致力於探索及發展現今社會中以身體為本的技術。

傳訊眉毛
'Sup Brows

文：凱特・哈特曼、貝基・斯特恩　譯：曾筱涵

只要挑挑眉毛就能丟出訊息

我們花了很多時間以簡訊、電子郵件等方式傳訊息給別人，假如動動眉毛就能發送訊息給遠方的朋友，那會怎樣呢？

在這個穿戴式電子產品專題中，你將學到如何透過你的肌肉發送文字訊息。MyoWare 肌肉感測器透過 EMG（肌電圖）感測肌肉中的電氣活動，這些活動被轉換為不同的電壓訊號，並能夠被任何微控制器的類比輸入腳位讀取。本專題使用 Bluefruit Feather 微控制器，透過手

機發射信號給 Adafruit IO 及 IFTTT（If This Then That）兩個 IoT 網站服務平臺，進而觸發簡訊傳送。現在，讓我們一起動手做吧！

建立電路

1. 剪 3 條矽膠電線，剝去線兩端的矽膠包覆（圖 Ⓐ），在電線末端點上銲錫，防止芯線散開。

2. 請分別將這三條電線的其中一端焊接

到 MyoWare 肌肉感測器的 + 極、- 極及 SIG 連接點（圖 Ⓑ）。

> **訣竅：**請在電線另一端做記號，以利辨識（圖 Ⓒ）。

3. 開始編織電線（圖 Ⓓ 和圖 Ⓔ），這麼做可避免穿戴感測器時鉤到電線，改造後的電線也變得可愛又有彈性，編織時請將電路板黏貼在桌子上。

完成後，電線末端請用束線帶紮起（圖
F），固定後剪去束帶多餘的部分。

4. 將編好電線束的末端穿過Feather電
路板上方，繞住邊緣後再從下方拉出（圖
G），如此配置可確保電路板上粗糙的焊
接點不會摩擦你的衣服或皮膚。

各接點焊接如下：

» MyoWare+ 接 Feather BAT
» MyoWare- 接 Feather GND
» MyoWare SIG接 Feather A0

再修剪一下電線，電路就完成囉！

為你的「傳訊眉毛」編寫程式

請至learn.adafruit.com/heybrows/code
將程式碼載入到Feather電路板，接著測
試手機藍牙連線功能，在Adafruit IO上
創建數據源，並在IFTTT上啟動發送簡訊
的「配方」（我們用的是Android系統的
簡訊）。

用用看！

使用「傳訊眉毛」前，請先將Feather
與電腦中斷連接，接上電池。

接著用酒精清潔一下你的前額，確定沒
有油汙、化妝品和乳液。

將3個電極與肌肉感測器的接點連接：
其一與黑色電線連接，另外兩個在電路板
上。接著拿掉紙片，將感測器放在前額，
如圖所示：電線應順著頭髮，感測器斜放，
下端置於眉毛內緣之上，上端偏外（圖H
）。

第三個電極請放在太陽穴上（此電極應
遠離被感測的肌肉。）

現在你只要挑個眉，裝置就會傳送
「嘿！」給你的朋友！

更進一步

「傳訊眉毛」只是個開端，透過與
IFTTT連接將開創更多可能性，挑眉可以
完成的事情多到你數不清！

你也可以偵測不同的肌肉活動，像是表
情、手勢或動作，進一步觸發其他活動，
想一想，你覺得還能製作怎麼樣的肌肉感
測專題呢？ ●

更多與Adafruit學習系統有關的訊息請
至：learn.adafruit.com/heybrows

時間：
3～4小時

難度：
容易／中等

成本：
80～100美元

材料

» **MyoWare 肌肉感測器** Adafruit
Industries #2699，adafruit.com
» **EMG 電極（3）** Adafruit #2773
» **Adafruit Feather 43u4 Bluefruit
LE 微控制器** Adafruit #2829
» **LiPo 鋰聚合物電池，3.7V** 本專題使用
500mAh 型，Adafruit #1578
» **矽膠電線** Adafruit #1970，強韌有彈
性
» **USB 傳輸線** Adafruit #2185
» **束線帶**，尼龍材質

工具

» 烙鐵和銲錫
» 剪刀
» 紙膠帶
» 手工具
» 消毒酒精

N. Maxwell Lander, Social Body Lab

A

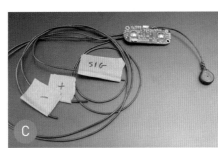

B

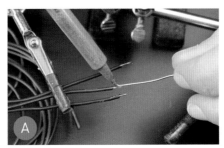

C

D

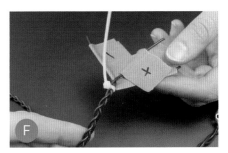

E

F

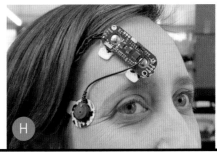

G

H

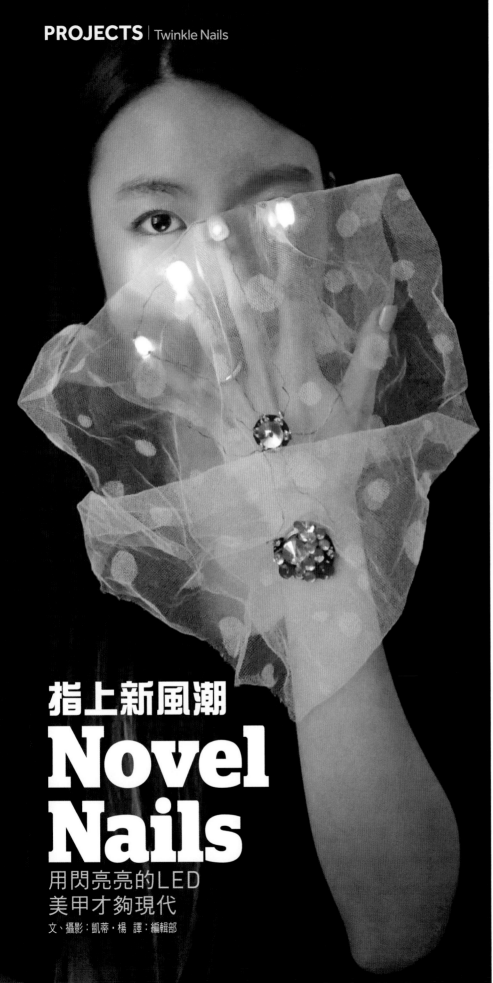

指上新風潮
Novel
Nails
用閃亮亮的LED
美甲才夠現代

文、攝影：凱蒂・楊 譯：編輯部

時間：
2小時

難度：
簡單

成本：
25～30美元

材料

» LilyTwinkle 微控制器 SparkFun #11364，sparkfun.com
» LilyPad 鈕扣電池座附開關，20mm SparkFun #13883
» LilyPad 彩色 7-LED 燈條 SparkFun #13903
» LilyPad 白色 5-LED 燈條 SparkFun #13902
» 導電線
» 布料，網紗或類似材質
» 鈕扣電池 3.7V，CR2032
» 寶石
» 假指甲帽，#4
» 木螺絲，#4

工具

» 針
» 紙
» 熱熔膠槍

凱蒂・楊
Kitty Yeung
是一位物理學家、智慧服裝設計師、藝術家與音樂家，主要工作地區在加州矽谷。個人網站：kittyyeung.com。

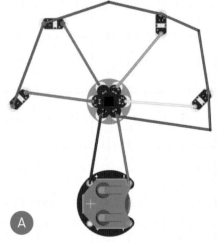

A

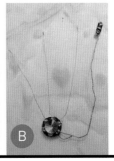

B

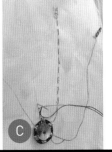

C

大約一年前，有位朋友看了我的科技時尚設計，就傳給我一支有人穿著發亮裙子扮成機器人跳舞的影片，但其實裡面吸引我注意的是她們的LED指甲。我想，自己也來做做看應該會很酷吧。

我希望做出自然的外觀、不會太長或太笨重。我還想用微控制器製造出閃爍的效果，可是指甲跟電子元件模組比起來太小了，得想個辦法。如果做個漂亮的手環將電子元件遮住，再連接到指甲上呢？成果如你所見。

組裝電路

我在專題中使用了SparkFun網站買來的LilyTwinkle、鈕扣電池座及LilyPad LED。這些元件都很細小，可直接用電線縫在一起。按照圖A所示組裝電路即可；如果你是初學者，可以參考makezine.com/go/sparkfun-circuits網頁上的教學。所有地線都連接負極。

LilyTwinkle的優點就是已事先編寫好程式讓4個LED埠隨機閃爍。如果你想改寫程式，可以參考makezine.com/go/reprogram-lilytwinkle網頁上的教學。我選擇直接仿照A所示使用4顆LED，讓每顆LED分別放在一根指甲上。當然也可以加入更多LED，或是用某個連接埠分流接上第五軌電線到拇指上。把電路縫起來之前，還請務必要測試電路。

縫上元件

現在你可以開始將元件縫到紗網上了。這裡有個小提醒：紗網很脆弱，就算用刺繡框還是不太容易在上面縫紉。縫好第一軌之後，我發現更好的辦法。可以把紗網放在一張紙上，依照你手指的長度描出軌跡（圖B）。

沿著線路用針戳穿紗網和紙（圖C）。紙張的硬度足以讓你穩穩握著，好描繪出清楚的軌跡。縫好之後再測試一次電路。

加上裝飾

身為一個以將宅宅玩意變美而聞名的Maker，我通常不會滿足於只製作電路。這次我想讓整片指甲都發亮，不是只有點狀的光源，所以我加了假指甲。我這輩子第一次用假指甲（因為我有在彈鋼琴，除

非把假指甲剪短才能戴）。假指甲背面的黏膠黏性很好，我很滿意。將它們直接黏到LED上。假指甲很薄，可以讓光線漫射，整片指甲都會亮起來！

仔細看就能注意到，我還用寶石裝飾了LilyPad電池座和LilyTwinkle（圖D）。裝飾的方法有很多，我剛好有tinyTILE裙子剩下的一堆寶石，就直接拿來用（hackster.io/kitty-yeung/intel-curie-tinytile-dress-accelerometeroptical-fibers-274294）。

登場亮相

從紗網上撕掉紙張實在太紓壓了。用雙面膠將紗網背面黏到你的手上（圖E）。也可以縫上緞帶綁在手上，不過雙面膠既方便又可丟棄，還能重複使用。現在整個套在手上吧（圖F）。網紗很軟，但還是有足夠彈性防止導電線交叉造成短路。不過我還希望有其他顏色的導電線。我可能會再想辦法將電線塗上比較低調的顏色，或是換其他顏色的紗網，雖然我真的很喜歡白色紗網的夢幻泡沫感。你還可以加上更多LED，電路可以參考圖G。

更進一步

製作手環和閃亮指甲很簡單，只要為導線找到正確的「底襯」就行了。可以考慮手套，不過我個人不推薦，因為指甲就是要在手指上才漂亮，從織物手套中透出一堆指甲看起來會超詭異。如果是萬聖節裝扮的話，那就去吧，也許蕾絲手套行得通。也可以試試雙面導電膠帶，像亞歷克斯·葛勞（Alex Glow）的LED刺青（hackster.io/glowascii/glowing-led-tattoo-718a0d）。我覺得如果用鍊子做為導電線路會是最漂亮的。不過除非我找得到特殊的鍊子，或是處理一般鍊子的方法，否則很難避免鍊子因接觸而短路，也很難和手絕緣。在那之前，我還是先做白日夢吧（圖H）。

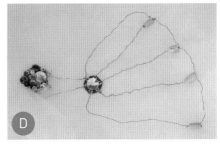

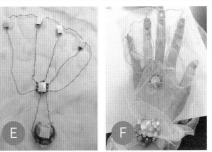

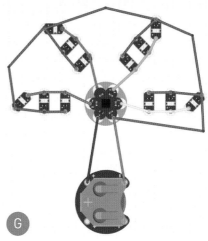

看板有看頭
A Good Sign

幫自己的Makerspace打造便宜的懸吊式LED看板 文：杰羅德‧希克斯 譯：屠建明

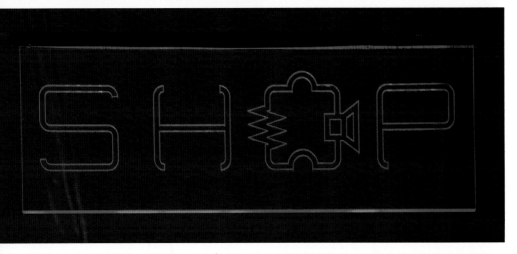

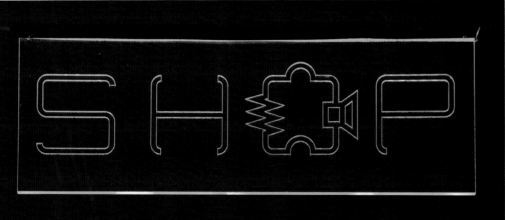

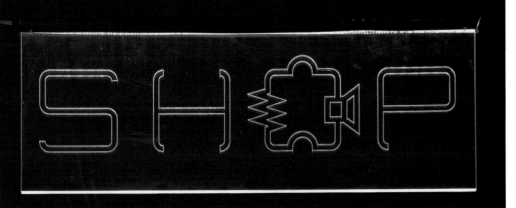

時間：
每塊看板4～6小時

難度：
適中

成本：
每塊看板25～70美元

材料
- » 壓克力板，厚 3/8"
- » SMD 5050 LED 燈條
- » RGB 調光器
- » RGB 放大器 數量視纜線長度及驅動 LED 數量而定
- » 電源供應器，8.5A 12V，單一輸出開關 Mean Well LPV-100-12，調光器一個，放大器各一個
- » 喇叭絞線，18AWG，4 導體
- » 實心線，線規 22 號，4 導體
- » 熱縮套管
- » 防水膠帶，寬 2"，黑色
- » 鉤環電線固定夾
- » 端子臺連接器
- » 羊眼螺絲
- » 懸吊線，線規 12 號

工具
- » 烙鐵
- » 雷射切割機
- » 手套
- » 剝線鉗／剪線鉗
- » 剪刀
- » 電鑽／起子
- » 羊眼螺絲鑽頭（非必要）

Noisebridge致力於在舊金山為駭客和Maker們提供24小時全年無休的可用空間。他們將於2018年8月終止租約，正在募資尋求新場地。幫助他們：donate. noisebridge.net

杰羅德‧希克 Jarrod Hicks
是位於加州舊金山的 Maker 兼設計師，在建築界任職，並於 Noisebridge Hackerspace 擔任志工。

很多Hackerspace都需要兩件東西：說明空間用途的看板和營造歡樂氣氛的LED裝飾。

為了籌備Noisebridge在2017年的十週年紀念，我們決定用一個專題做出這兩樣東西，為我們的舊金山館製作辨識工作區域的懸吊LED看板。這種看板並不少見，但我們的安裝規模和節省成本的方法讓我們收到很多想看教學的請求。在makezine.com/go/noisebridge-edge-lit-signs有更詳細的內容，而以下是我們製作並安裝14組懸吊式邊框照明LED看板的方法。

線條設計

看板的設計從素描簿開始，接著轉移到AutoCAD，最後在RDworks以.dxf檔案匯入。我用了3到4種線條顏色：一條要切過壓克力、一條切到壓克力的一半、一條定義看板的邊界，但完全不切割（圖A）。在其中幾個看板我用第四個顏色來構成比較淺的開口，穿過字母，讓它們看起來更亮。在懸吊看板方面，我在看板的上方兩個角落切割用來穿線的孔。在文字方面，我儘可能給它們4英寸以上的高度，這樣從遠處比較易讀。

切割

我使用厚度3/8英寸的壓克力板，因為在TAP Plastics的廢料桶裡很多。我最後將切割機的速度和功率（S/P）設定為切穿用7/55、最深3/16英寸的深切用30/50。

半深的切割形成看板上的圖形，而上方兩個角的切穿處是做為安裝孔。為了在處理過程中保護看板，我保留上面大部分的保護膜，直到安裝並測試後才取下。

電子元件

因為ESP8266/Arduino微控制板太貴，所以我最後決定用RGB調光器（圖B）來控制。我也因此採用便宜的SMD5050燈條。這樣還有配置簡單的好處，因為我是電子領域的初學者。

這個預算決策最後讓專題整體更進一步。旋鈕放在Noisebridge的樓上入口旁，讓任何人都可調整空間中看板的顏色。圖C是系統配置的素描。

為了用RGB調光器來控制全部14個看板，我將系統分割，讓西邊和東邊兩側的看板分別由不同的放大器驅動（圖D），放大器分別安裝在所控制的看板大致中央的牆上。

雖然調光器、LED和放大器都使用便宜的類型，我的電源供應器則選擇了Mean Well LPV-100-12 8.5A 12V單輸出開關型。調光器、放大器和看板之間用18AWG 4導體喇叭線連接，並以鉤環電線固定夾沿天花板固定。我在看板上方的天花板使用便宜又好用的端子臺連接器（圖E），讓我只要用螺絲起子就能更換每塊看板的LED。

懸吊看板的部分，我用專用鑽頭在天花板裝上羊眼螺絲，並且勾上長度3'的12號線規吊掛線；它的強度超過我的需求，但讓我只要彎折吊掛線就能調整看板的位置。

看板組裝

首先剪出長度和看板一樣的燈條，然後接上看板安裝後長度足以觸及天花板的22號線規4導體實心線。在操作這些連接點（圖F）時要非常小心，因為它們即使加上熱縮套管還是極度脆弱。

為了節省成本，LED燈條是用寬2英寸的黑色防水膠帶固定在看板上方（圖G）。多餘的膠帶摺起來在末端把燈蓋住，然後用剪刀修飾。有少量的光會透出來，但沒有多到需要更多膠帶或其他解決方法。理想情況下，每顆LED會位於中央面對看板的邊緣，但稍有偏離的話似乎沒有很大的差別。

希望我的分享能幫助你為自己的Makerspace打造（更精美）的看板。

切穿
切除部分的壓克力板

吊掛線用孔

不切割
雷射切割機對齊的壓克力板邊緣

半切看板文字／圖樣

A

RGB DIMMER

B

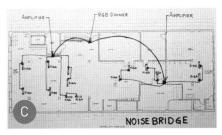

AMPLIFIER   RGB DIMMER   AMPLIFIER

NOISE BRIDGE

C

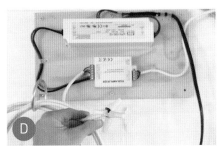

D

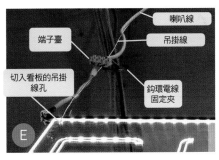

端子臺

切入看板的吊掛線孔

喇叭線

吊掛線

鉤環電線固定夾

E

F

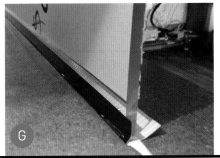

G

電源監控戰士
Power Ranger

在停電時透過SMS簡訊接收通知

文、圖：瑪莉·德古希亞　譯：蔡宸紘

瑪莉·德古希亞
Mari DeGrazia

(@maridegrazia) Kroll Cyber Security 公司董事，該公司專攻數位鑑識及安全事件應變。樂於在製作專題時弄斷自己的指甲。

我的父親需要一個即使人不在當地，也能夠遠端監控阿拉斯加某地電力和溫度狀態的方法。他希望在停電或溫度驟降時收到通知，但由於停電時無法使用Wi-Fi，所以我認為SMS是最有用的方式。這套遠端監控系統也要能夠透過電池運作數個小時。根據以上的需求，我決定使用Adafruit Feather Fona，並搭配HTU21D-F溫度感測器。

Feather Fona搭載2G SIM卡，能夠發送和接收簡訊。Fona能以一顆鋰電池供電，並可直接透過Fona為電池充電。Fona的USB腳位可以讀取電壓，便於監測電力是否不足：如果電壓低下，代表Fona正靠著電池供電，也就是停電了。

我還另外加裝了LED矩陣顯示器，以顯示供電狀態訊息；還有用來安裝電壓電路和溫度感測電路的原型板。運用排針，讓我只需要一個3D列印的外盒就能放進所有元件。

1.3D 列印出外盒（非必要）

雖然這個步驟對此專題而言並非必要，不過我的3D列印外盒（thingiverse.com/thing:2758688）是由Adafruit Feather外盒改造設計的。

2. 組裝 Feather Fona

按照SIM卡所附的指示啟用卡片後，放入Fona。再將排針母座焊接在頂面，排針公座焊接在底面（圖 Ⓐ ）。

3. 組裝 LED 矩陣顯示器

按照以下網址的教學組裝矩陣顯示器（圖 Ⓑ ）learn.adafruit.com/adafruit-8x16-led-matrix-featherwing/assembly。

4. 建立電壓電路

Fona的USB腳位對應到USB插孔的正電壓。電池是透過二極體與該腳位連接；透過USB供電時，二極體就會切斷電池的電源。為了判定是何時停電而只剩電池在運行，還需要再加裝分壓器。幸好Adafruit的麥克·史東（Mike Stone）分享了如何安裝的要點：在原型板上USB和GND的腳位間置入兩顆100K電阻，並如圖 Ⓒ 所示，將分壓器中央連接至A5腳位。

5. 原型板接線

溫度感測器的部分，是在原型板上各接上一條電線至SDA、SCL、電源以及接地的孔（圖 Ⓓ ）；滑動開關的部分，則是要各接一條電線在EN及接地孔上（圖 Ⓔ ）。接著就可以將排針母座焊接到原型板上了（圖 Ⓕ ）。

但這時先別把溫度感測器或開關相接，因為在下個步驟，還要讓電線穿過外盒。

6. 完成組裝

使用M2.5銅柱，將原型板固定至盒子底部。再來將溫度感測器的電線從側邊盒壁的孔中穿出；開關的電線則要穿過底部

時間：
3～4小時
難度：
適中
成本：
100～200美元

材料

» **Adafruit Feather 32u4 Fona 微控制器，附 GSM uFL 天線** Adafruit #3027 和 1991，adafruit.com
» **2G SIM 卡** Adafruit #2505
» **FeatherWing 原型板，附公母排針座** Adafruit #2884、2886 和 2830
» **HTU21D-F 溫濕度感測板** Adafruit #1899
» **8×16 LED 矩陣顯示器** Adafruit #3155
» **滑動開關，SPDT** Adafruit #805
» **鋰電池，3.7V，500mAh 或更高**
» **100K 電阻（2）**
» **掛線**
» **M2.5 銅柱（4 個）** 如 Amazon #B01N9Q8YLE
» **3D 列印外盒（非必要）**

工具
» 烙鐵和銲錫
» Phillips 螺絲起子

方形的孔（圖 **G**）。完成後，焊接好這些電線。

將開關和電池放入電池盒中，再將電池盒卡進盒子的底部（圖 **H**）。連接 Fona 與原型板，並讓天線穿過天線孔（圖 **I**）。最後再將電池和 LED 矩陣顯示器連接到 Fona 上（圖 **J**）。

7. 設定程式碼

首先，瀏覽 Adafruit 的教學指南，確保 Fona 已能順利運行：learn.adafruit. com/adafruit-feather-32u4-fona/ setup。

接著，開啟 Arduino IDE，點選「草稿碼」→「匯入程式庫」→「管理程式庫」。在篩選欄位上搜尋以下的程式庫名稱，並點選安裝：

» Adafruit HTU21DF_Library
» Adafruit FONA
» Adafruit GFX
» Adafruit LEDBackpack

從後方網址下載電源監控程式後（ github. com/mdegrazia/PowerMonitor），打開檔案「 remote_power_monitor.ino 」找到名稱為 **USER CONFIG** 的區段。將上頭的手機號碼置換成你想要收到通知的手機，並調整到你要的溫度最低數值，最後再上傳至 Fona。

使用你的電源監控器

將裝置放在收訊良好的位置後接上電源（如果訊號差，也能用收訊較強的天線代替）。LED 矩陣顯示器會顯示裝置狀態，包括 GSM 網路連線狀態、當前訊號強度、以及電池狀態。

有以下狀況時，就會推送通知給你：
» 裝置剛啟動，並開始監測時
» 停電時
» 復電時
» 溫度驟降時

若想要得知裝置最新狀態，發送一封簡訊給遠端電源監控系統，內容寫「 Status 」。系統就會回覆裝置目前的電源狀態、電力狀態、電壓和溫度高低。

如果電源監控系統在停電時沒有發送通知，可能就需要調整電壓的門檻。在電源監控系統連接時，開啟 Arduino 序列監控視窗，注意電壓的數值。接著拔除監控系統，傳送幾封「 Status 」訊息，再查看電壓數值。沒接上電源時，電壓數值應該呈現較低。依照數值，調整 **USER CONFIG** 區段中 **voltageThreshold**（電壓門檻）的數值。

更進一步

接下來，我計劃融入使用 GPRS 的 MQTT 饋送系統。如此一來只需要手機，就能持續地監控電源、電力和溫度的狀態。至於電源監控系統，也能結合氣體或動作感測器，以增強其功能。●

重現馬雅遺跡

文：威廉・葛斯泰勒　譯：七尺布

Gimme Shelter

自製金字塔模型，一探馬雅人用石灰岩打造
馬雅遺跡的祕密

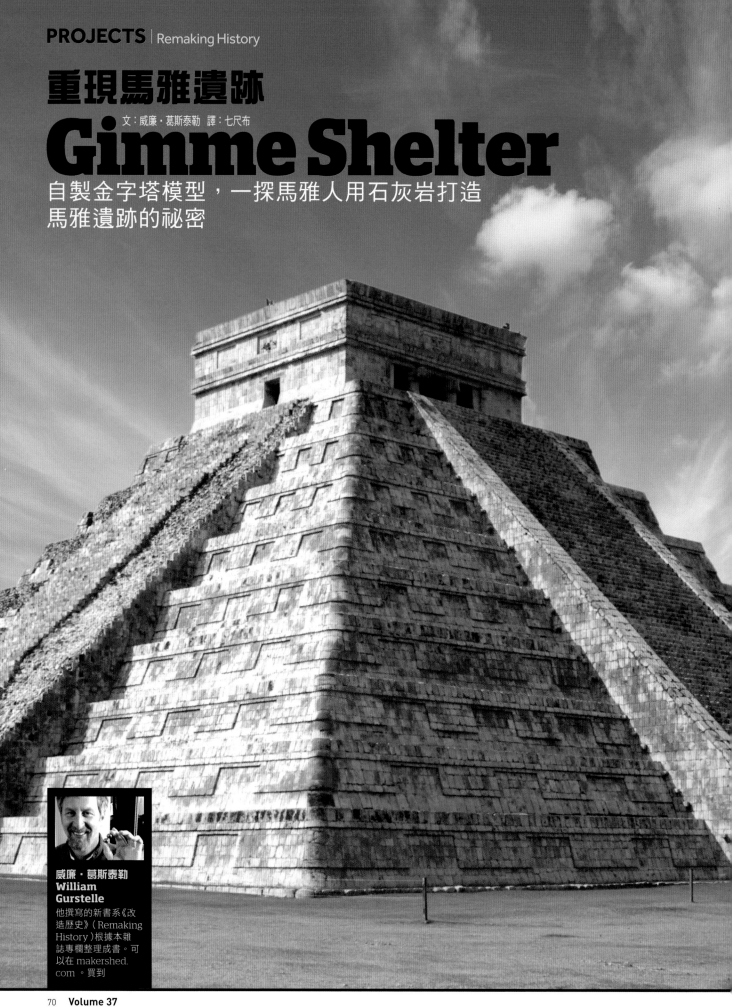

威廉・葛斯泰勒
William Gurstelle
他撰寫的新書系《改
造歷史》（Remaking
History）根據本雜
誌專欄整理成書。可
以在 makershed.
com。買到

遠古時代的人們開始建造東西的方法，就是將石頭一塊塊疊起來，砌成一座牆。當然這些石塊不會原本就是平的、方的，所以石塊之間會有空隙。最早追溯至西元前6500年，人類用磨碎的石子與水製作泥漿以填補這些縫隙。如果泥漿使用的石材正確，乾掉時就會變硬，使石塊牢牢黏住，讓石牆不受陽光和風雨侵襲。這種泥漿就叫灰泥（mortar）。

早期原始人類中的先驅實驗家們，只知道幾種磨碎後風乾會變硬並永久黏著的石材。古時候最佳的灰泥材料是磨碎加熱的石灰岩與砂。用石灰岩基底的灰泥會硬化到岩石構造般穩固，用這種灰泥建造的住家、宮殿與神廟將屹立千載。早期「舊大陸」和「新大陸」上的人類都各自發明了灰泥，這東西真是棒呆了，棒到許多歷史學者認定它是文明史上最重要的化學成就之一。

石灰到底是什麼？它的名字很容易讓人搞混，因為化學名詞中的石灰（lime）和甜點裡的水果萊姆（lime）一點關係也沒有，不管是檸檬汽水還是檸檬派。化學中的石灰是磨碎石灰岩後得到的物質（主成份為碳酸鈣），再加熱至高溫。此時石灰岩會釋放二氧化碳，分解為氧化鈣，即生石灰。生石灰是個相當難搞的東西，有高度腐蝕性，會與水激烈反應並產生大量的熱。不過在水加入後，或是照古時候泥水匠說的「熟化」以後，產生的化合物氫氧化鈣，又叫熟石灰，就穩定得多，也幾乎沒有腐蝕性了。

石灰在化學上為何如此重要呢？因為它有許多用途，非常多人都會利用它。石灰從以前到現在都做為肥料、淨化水源、鍛造玻璃、煉取金屬，以及更重要的，做為將石塊彼此接合的用途。

事實上，對古代中美洲的人們而言，沒有比石灰更重要的化學物質了。他們不但用石灰砌造石牆，建造巨大的馬雅神廟與阿茲提克文明，更用來製作以玉米為主的飲食。

古代中美洲人類用石灰來製作食物。用化學的石灰來處理玉米作物的過程稱為鹼法烹製（nixtamalization），最早已知從西元前1000年就存在這種做法。古代阿

f9photos / Adobe Stock, William Gurstelle

時間：
一個週末

難度：
簡單

成本：
20～40美元

材料

這個專題的主要關鍵在於取得那超級古早的建材製作栩栩如生的古中美洲風格建築。幸運的是，你可以用比較易取得的替代材料，成品看起來也不會差太多。

» 木材，2×4，長度切割至14"（4）、10½"（3）、7"（2）和3½"（1）
» 合板，½"或15/32'，2'×2' 平方
» 一般鐵釘，1⅞"（1盒）
» 水
» 石灰岩磁磚，2½ 平方英尺，切割至1"×2" 大小塊見下頁「切割石塊」欄參考取得方法
» 砂子，5磅
» 石灰，2磅 石灰是本專題的關鍵。在墨西哥食物專賣店裡有賣一整袋（圖 Ⓐ）。也可以在賣場的墨西哥食物區找到袋裝的水泥混和物。用石造工程用的袋裝灰泥亦可。
» 木釘或工藝用木材（非必要）製作模型頂端寺廟用

工具

Ⓐ

» 槌子
» 塑膠桶
» 攪拌棒
» 小刮刀或抹刀
» 細的水泥抹刀
» 護目鏡
» 橡膠手套

茲提克人與馬雅人將石灰與水混和，製作氫氧化鈣，後來被西班牙人稱為cal（譯註：意同石灰）。

石灰是古中美洲人飲食的關鍵，因為未經處理的玉米類食物無法提供維生素B3，即菸鹼酸。用石灰烹煮玉米會釋放其中的菸鹼酸，從而能夠被人體吸收。以鹼法烹煮過的玉米，搭配含氨基酸的豆類食物，就能提供營養均衡的飲食了。即便到今日，中南美洲的玉米餅製作者還是會使用大量石灰製作玉米餅和其他當地主食。

石灰的另一個重要用途則是在製作灰泥，在陶蒂華康（Teotihuacán）、蒂卡爾（Tikal）與奇琴伊察（Chichen-Itza）巨大的神廟中用來接合其中的石塊。這個簡單卻至關重要的建材憑其穩固的性質，得以屹立千載 。

馬雅階梯金字塔

當你到現今的墨西哥猶加敦半島（Yucatán Peninsula）造訪著名的馬雅遺跡奇琴伊察，會看到底下有羽蛇神庫庫爾坎（Kukulkan）雕像的巨大石造祭壇，這個四邊階梯式的金字塔叫做卡斯蒂略金字塔（El Castillo），高98英尺，寬181英尺，由巨大的石灰石塊與石灰灰泥建成。古時候的建築師也會用石灰製作灰泥粉刷外牆，修飾神廟與金字塔外牆。

在這次的〈改造歷史〉（Remaking History）專欄中，我們將仿照宏偉的羽蛇神廟，自製馬雅風的建築模型，探索石灰如何在古代使用於建築中。

建造自己的金字塔

1.打造上層結構

首先，釘製14英寸、2×4的合板為底座，如下頁圖 Ⓑ 所示（我在自己的金字塔裁了一角來展示內部結構）。接著，分別上下放置10½英寸、3½英寸的2×4合板，用釘子固定。

2. 製作灰泥

戴上護目鏡與橡膠手套。將5盎司石灰、10盎司砂子和少量的水放在塑膠桶裡揉成一團，來製作灰泥。將所有成份徹底攪拌，小心地加入適量的水，直到產生中等

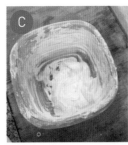

黏性的灰泥（圖 C ）。

3.砌出第一座牆

開始從金字塔底層垂直向上加入石塊砌成石牆。用小刮刀或抹刀把一層薄薄的灰泥塗到相鄰石塊的接合面，用力往木造上層結構的方向按壓。繼續圍繞著底座加上灰泥，保持灰泥的邊緣平整。

4.砌出第一階

當底座的側邊全部砌好之後，往底座水平加上塗好灰泥的石塊（圖 D ）。

5.重複作業

接著再砌下一道牆，以及後續步驟。繼續加入石塊與灰泥到金字塔上，一次一個步驟，直到所有牆面都砌完。

6.風乾

所有磚塊都安放好後，讓金字塔靜置，使灰泥風乾（圖 E ）。石灰灰泥完全風乾需要數週。沒有風乾時就不會堅固。如果灰泥出現裂縫，視情況再補上灰泥。

7.敷上表層灰泥

差不多風乾的時候，在外層敷上另一層新混和的灰泥。記得其中要加適量的水，調到適當的黏性，用抹刀或細的水泥抹刀塗上。

8.修飾細節（非必要）

埃及金字塔的上部（ pyramidion ）有尖端，而古中美洲的金字塔則不同，有平坦的頂端。一般來說頂端建有色彩明亮的木造寺廟，祭司們會在其中舉行儀式。你可以用木釘或工藝木材做一個小小的寺廟或樓梯結構，讓你的模型更添真實感（圖 F ）。✎

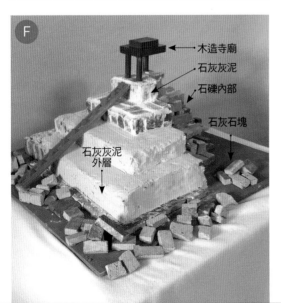

← 木造寺廟
← 石灰灰泥
← 石礫內部
石灰石塊 →
石灰灰泥外層 ↓

切割石塊

古代中美洲金字塔一般來說是用切割過的石灰岩石塊建造。這些石塊有時重達數噸，利用槓桿、坡道、和許多勞力，才能運送到各地。

你可以學習古馬雅人的方法來切割石塊，不過我是不推薦。石灰岩非常堅硬，就算用專用的鑿子和槌子，鑿出想要的形狀都很費時。

製作這次金字塔模型時，可以用磚鋸切割未上釉的石灰岩磁磚（真的找不到石灰岩磁磚就用其他種），裁成1×2英寸。沒有磚鋸的話，可以便宜租一個；或是選擇賣場大型家具磁磚區的12×12英寸鑲嵌磁磚，由1×2英寸左右的長方形磁磚以水泥鑲嵌在軟墊上而成。你可以輕鬆把這些磁磚拿下來，供這次專題使用。

William Gurstelle

1+2+3

紙製 多肉植物

文：珍妮佛・瑞法特
譯：劉允中

用 紙製多肉植物讓室內「綠意」盎然，既簡單又不須澆水！

1. 列印、剪裁植物素材

你需要3種不同尺寸的30片葉子：10片大片、10片中片，以及10片小片葉子。你還需要一片1½英寸的圓形紙片做為植物底座。請參考makezine.com/go/paper-succulents-template的做法列印並剪裁植物葉片，大型和中型樹葉底部都請裁切1英寸的裂縫。

2. 黏合並摺疊樹葉

大片和中片樹葉的部分，將葉片的裂縫重疊，接著用口紅膠黏合。疊合部分不用太多，這樣能讓葉子立起來，外形也會比較自然。

小片樹葉的部分，將底部摺¼英寸起來。好讓之後黏合葉子時容易操作。

3. 組裝植物

在圓紙片的外圍，用熱熔膠槍將五片樹葉等距黏上。接著每一層黏貼五片樹葉，由大片至小片並慢慢朝中心黏貼。不妨將每一層葉片左右交替，讓上層的樹葉夾在下層的兩片樹葉中間。依序排列就有六層了。

用鉛筆將最外層的樹葉往外彎，再將剩下樹葉往內彎即可。

多做幾盆多肉植物並放入花盆，打造賞心悅目的紙植物園。❂

時間：
1小時

難度：
簡單

成本：
1～3美元

材料
» 卡片紙（2張）
» 葉子模型
» 小型陶盆（自由選擇）

工具
» 剪刀
» 口紅膠
» 熱熔膠槍
» 鉛筆

珍妮佛・瑞法特
Jennifer Refat
是一位軟體工程師，從小就喜歡勞作。原來自紐約，現於多倫多。她是Craftic（craftic.com 或 @crafticlandDIY 網站）網站創辦人，一個讓大家分享美術創作的教學網站。

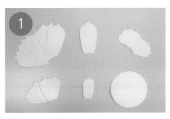

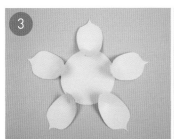

Hep Svadja

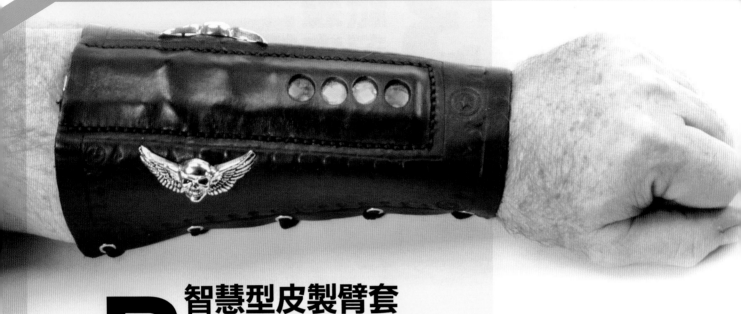

智慧型皮製臂套
Brace Yourself

文：提姆·迪根　譯：Madison

結合電子元件及皮革，製作你的**發光專題**

穿戴式微控制器已經融入**Cosplay**界、時尚界，甚至是日常穿著，但材質通常以紡織為基礎。在本文中我將藉由這條臂套專題，介紹將皮革應用於穿戴式裝置的做法。該裝置將 Adafruit Gemma 內嵌於臂套，並裝上 RGB NeoPixels 及擁有電容式觸控的金屬徽章，輕觸徽章即可改變顏色模式。閱讀本文並瞭解操作皮革及電子產品的重要技巧，讓你一次學會兩種技能，還能結合兩者運用於專題。

皮革是工匠、Cosplay 玩家和自造者最喜歡的材料之一。不僅可塑、可切割、可著色且耐用，還可以鉚接、縫合、黏合及繫合。做為穿戴式裝置的材質，皮革擁有一些非常理想的特質，儘管有些微缺點。細節會隨著個人做法而有些變化，但基本上適用大部分專題。

電路配置

就任何穿戴式裝置而言，尤其是皮革穿戴式裝置，如何讀取電子元件是一項關鍵性的決策。面臨為電池充電或重新設計微控制器時，你會選擇將元件拆下，還是原封不動處理？其實那些將零件裝在產品內部的設計，是為了減少對佈線的磨損，因為這樣可以牢牢固定並保護零件。而輕鬆取得或是可拆式零件的設計通常能讓重複

材料

» 皮革，植物鞣製（3～4盎司）
» 皮革縫線（25碼）如 Tandy Leather 的尼龍蠟線，tandyleather.com
» 多合一染料和面漆 可於 Eco-Flo 購買
» 銅釦
» 金屬鈕釦
» 飾帶或鞋帶
» 保鮮膜
» 遮蔽膠帶
» 微控制器 我用 Gemma V2，Adafruit #1222，adafruit.com
» LiPoly USB 充電器
» 鋰聚電池，3.7V，150mAh Adafruit #1317
» Flora RGB Smart NeoPixels，第2版（4件裝）Adafruit #1260
» 電線
» 無鉛銲錫
» PLA 線材（非必要）

工具

» 切割刀
» 直尺
» 皮革打洞器
» 生皮槌
» 打洞器
» 皮革印花工具
» 銅釦工具
» 法式寬鏟 #2
» 馬鞍縫針
» 烙鐵
» 萬用表
» CAD 設計軟體，Fusion 360、Tinkercad 等
» 3D 印表機及軟體（非必要）或者可以將檔案寄給 3D 列印服務商家進行代印。請參閱 makezine.com/where-to-get-digital-fabrication-tool-access 尋找 3D 列印服務商店。

使用、重新編寫程式及重複充電更為簡單。

對我來說，充電會比重新編寫程式更頻繁。所以我的設計是直接充電，無須拔除電池或從微控制器上拔下電池。重新編寫程式則需要從皮革中取下電路才能插上USB，就我的方法來說是行得通。

我選擇的零件有充電板、Gemma M0、鋰聚電池和4顆Flora RGB LED（圖Ⓐ）。

我也想在皮革中利用Gemma一個特性，就是電容式輸入。Gemma上的三個觸控點擁有感應觸摸功能，或感測接線至觸控點的介面之功能。它是單線輸入（無接地）。

皮革作品通常包含鉚釘、鈕扣和飾品（金屬類），它們都是獨立電容式輸入可使用的理想選擇。我將兩個金屬飾扣連接至Gemma以觸發光亮。確定選用飾品前先測試一下——沒有歐姆計或是沒有實際接上電路，很難判斷它們是否能導電。

選擇皮革

皮革有不同的厚度和種類。大多數皮革工匠傾向使用植鞣（veg tan）皮革，因為可以進行印花及染色。而「鉻鞣」皮革比較像布料，所以我選了植鞣皮革。完成皮革外型後，我用多功能染劑及丙烯酸漆為其染色。經驗豐富的穿戴裝置玩家會知道這些問題，這些問題在以織品為基礎的作品中都會遇到，但個人做法差異往往使問題變得嚴重。

做一個底匣

因為皮革會磨損電線及焊點，所以我喜歡用3D列印承載零件的載體，將其安裝於皮革下方或內部。這種便於安裝的保護性外殼有時被稱為底匣（sabot）。我設計並3D列印這個底匣，用來放置零件（圖Ⓑ）。我也製作零件模型，方便在Fusion 360裡測試合身程度。如果你沒有3D印表機，你也可以用紙漿或像ShapeLock一樣的低溫可塑型塑料製作一個底匣，甚至用木頭刻一個出來。

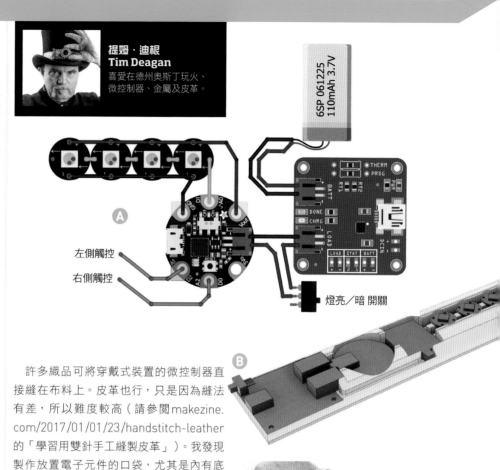

提姆·迪根
Tim Deagan
喜愛在德州奧斯丁玩火、微控制器、金屬及皮革。

6SP 061225
110mAh 3.7V

Ⓐ

左側觸控
右側觸控

燈亮／暗 開關

許多織品可將穿戴式裝置的微控制器直接縫在布料上。皮革也行，只是因為縫法有差，所以難度較高（請參閱makezine.com/2017/01/01/23/handstitch-leather的「學習用雙針手工縫製皮革」）。我發現製作放置電子元件的口袋，尤其是內有底匣的口袋，是讓裝置最耐用也最靈活的方法。接下來我要在口袋的一側加上一塊塑型好的皮革，另一側加上一塊平的皮革做為結合。沿著邊緣縫合，形成放置電子元件的口袋。

創造專屬於你的臂套

皮革臂套的製作意外地簡單。通常就是一塊皮革而已，只是要逐漸變細以適應前臂的形狀。有很多方法可以畫出臂套的形狀，而我喜歡簡單的方法，用保鮮膜覆蓋臂套，再用遮蔽膠帶覆蓋一層。我在臂套上標示記號，將要切割的形狀以及零件位置畫出來（圖Ⓒ）。

剪下多餘膠帶並修剪至記號邊緣後，就可以放上我的3D列印底匣，以確保所有尺寸都吻合（圖Ⓓ）。我用觸控筆將膠帶形狀描到皮革上再進行切割（圖Ⓔ）。如果膠帶不能完全放平，不用擔心。不像一般布料需要縫褶或其他技術來繪製輪廓，皮革可以拉伸和塑型。

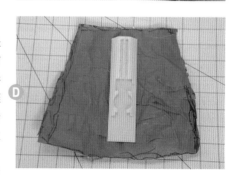

Ⓑ

Ⓒ

Ⓓ

Ⓔ

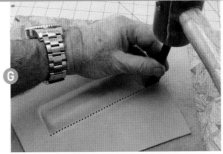

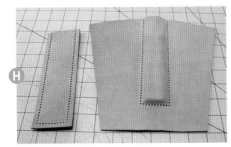

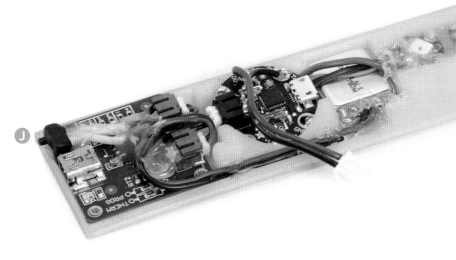

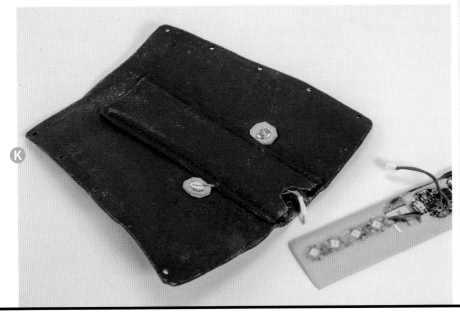

塑型及縫合

皮革很容易塑形。我用3D列印好的模型做為模具,並切割出第二片皮套,以確保做出底匣形狀拉伸皮套,整體大小沒有跟原始形狀差太多。將皮革(我用3～4盎司)泡水後覆蓋在底匣上,用手指或鈍物延著底匣邊緣向下拉長(圖 F)。如果產生「刮痕」,可以用手指將其磨掉。

皮革乾燥後會變硬,變成底匣的保護殼。沿著物品塑形時要小心,因為皮革在乾燥時會稍微收縮,然後隨著時間和磨損出現鬆塌可能。困難點在於如果放底匣的位置貼太緊,會使底匣不易取放。你可以再把皮革弄濕塑型,或者有更好的方式,3D列印比原型大5～10%的底匣,用它為皮革塑型。

皮革的縫合方式與布料有點不同,皮革必須預先打洞。斬類打洞器可以製作大小一致的洞,是個簡便的做法。我在皮套下方墊了第二塊皮革進行打洞(圖 G)。如果你沒有使用尺寸較大的3D列印模具來塑形,在底匣周圍打洞時請務必多留幾毫米的距離,以做為緩衝。

將底部口袋蓋子修剪到縫合孔外大約¼英寸(圖 H)。為了方便起見,我不用帶扣或按扣,而是用鞋帶來將臂套綁到手臂上。接著用打洞器為鞋帶孔、金屬扣及Flora RGB LED打洞。我也在第一件皮革上稍微裝飾點綴,然後將其染色並進行拋光(圖 I)。

製作電路

在我的臂套上組裝電子元件很容易。將元件全放入底匣中,並測量所需電線長度以確保能塞進口袋。焊接後,仔細檢查所有元件依舊能裝進底匣中,用熱融膠把所有元件固定好。為了讓LED光源發散,我用熱融膠將其覆蓋。同時也有保護效果,因為從臂套洞口也能碰觸LED。注意所有元件都要固定在底匣的凹槽內,這能讓底匣輕鬆進出臂套口袋(圖 J)。

電路中最困難的部分是連接電容輸入。

我用背面有螺絲的金屬扣，將電線圍住金屬扣的柄並纏繞好幾圈。縫合口袋時，確保電線已從兩側穿入，並剝線連接完成，這樣就能連接至Gemma了（圖 K）。

金屬扣背面的螺絲必須與皮膚隔絕，以免一直觸發。其實可以在底部口袋上兩側留下蓋帶加以隔絕，但我最後採用電氣絕緣膠帶，日後如果電線斷掉或是想換掉金屬扣會比較方便。

編寫程式

我 是CircuitPython的 鐵 粉，並 用Adafruit Flora搭配電容輸入撰寫初始程式。我添加了一段簡單的「Knight Rider」程式碼，當使用者碰觸其中一顆金屬扣時就會變色，碰觸另一顆則會輪流亮起彩虹燈光。你可以在makezine.com/go/bracer-code上找到這段程式碼（圖 L）。

雖然在任何重要的裝置上使用電容輸入會讓我有點猶豫（我蠻龜毛的），但我很滿意它在這個作品上的效果（圖 M）。

出動吧！

穿戴式裝置的涵蓋範圍，從外觀看似數位化珠寶的電子元件，到隱身於傳統服飾的燈光和感測器，以及3D列印的皇冠和頭飾。這個專題也只能讓Maker對個人數位穿戴領域略知一二。我堅定認為，皮革對創作穿戴式裝置的Maker而言是絕佳材料。它具有保護特質，可以染色並加工成精美成品，同時容易塑形及縫合。有了3D列印和創新輸入／輸出的增加，我們很可能會在未來幾年內見識皮革穿戴式裝置如雨後春筍般出現。 ◑

```python
import board
import neopixel
import time

touch0 = touchio.TouchIn(board.A1)
touch1 = touchio.TouchIn(board.A2)
pixpin = board.D1
numpix = 4
strip = neopixel.NeoPixel(pixpin, numpix, brightness=0.3, auto_write=False)

def wheel(pos):
    # 輸入介於0到255的值以取得一顏色值
    # 顏色是紅-綠-藍-再回到紅
    if (pos < 0) or (pos > 255):
        return (0, 0, 0)
    if (pos < 85):
        return (int(pos * 3), int(255 - (pos*3)), 0)
    elif (pos < 170):
        pos -= 85
        return (int(255 - pos*3), 0, int(pos*3))
    else:
        pos -= 170
        return (0, int(pos*3), int(255 - pos*3))

def rainbow_cycle(wait):
    for j in range(255):
        for i in range(len(strip)):
            idx = int ((i * 256 / len(strip)) + j)
            strip[i] = wheel(idx & 255)
        strip.write()
        time.sleep(wait)

def nrider_cycle(wait,r,g,b):
    j =len(strip)-1
    while True:
        for i in range(len(strip)):
            strip.fill((0, 0, 0))
            strip[i] = (r,g,b)
            strip.write()
            time.sleep(wait)
        for i in range(len(strip)):
            strip.fill((0, 0, 0))
            strip[j-i] = (r,g,b)
            strip.write()
            time.sleep(wait)
        if touch0.value:
            return 0
            break
        if touch1.value:
            return 1
            break

while True:
    touch_rtn = nrider_cycle(0.05, 255,   0,   0)
    if touch_rtn:
        touch_rtn = nrider_cycle(0.05,   0, 255,   0)
    if touch_rtn:
        touch_rtn = nrider_cycle(0.05,   0,   0, 255)

    if not touch_rtn:
        while touch0.value:
            rainbow_cycle(0.001)      #彩虹顏色循環時間為每階1毫秒
            if touch1.value:
                break
```

搞搞金屬
Meddling with METAL

活用各種表面處理客製你的作品

文：赫普・斯瓦迪雅　譯：張婉秦

赫普・斯瓦迪雅
Hep Svadja
《MAKE》雜誌攝影師及影像編輯。空閒時，她是個太空狂熱份子、金工創作家，還是哥吉拉的迷妹。

你為金工專題選擇的表面處理方式，就如選擇材料與形狀一樣，都會影響成品的外觀，而這邊有很多美觀的選項供你選擇。

在進行表面處理前，應盡可能維持金屬表面乾淨。鹽酸適合用來消除金屬粉粒跟水垢，而工業用金屬去漬劑能卸除油漬。浮石膠（Pumice pastes）能去除塵垢，尤其是小件物品。針對某些處理表面方法，你可能需要在清潔及去漬之前，利用鋼刷或噴砂進行表面粗化。

表面處理

① 古色處理

你可以用硫化鉀（Liver of Sulfur，LOS）為銀、鋼、青銅或紅銅增添銅綠色效果。製作硫化鉀溶劑，並利用熱水跟小蘇打（每夸脫放幾湯匙）製作中和劑。

將你的金屬製品浸入溶劑中幾分鐘，然後泡在中和劑裡停止化學反應。重複這動作可近一步加深金屬顏色。用軟的銅刷拋磨或使其平整。

硫化鉀對黃金或青銅製品的效果就沒那麼好，但如果你將物品與鐵一起浸漬，就能得到銅綠色的外表。將你的物件泡在浸蝕液中，取出後用鐵屑包覆，或用半軟鋼絲絨擦乾。接著用中和劑停止進行。

> **注意：** 浸蝕液的作用像是氧化劑。用雙層鍋加熱一些白醋、一湯匙鹽，以及一茶匙過氧化氫，直到煮沸。用玻璃或陶瓷來保存或預備——因為這個溶劑會腐蝕金屬！

② 銅綠色澤

將2份白醋、1½份非清潔用的氨，以及½份的鹽混和成溶劑。用噴霧瓶均勻噴灑在物件上。一個小時後，再次均勻地噴灑整個物件，並放置整晚。在溶劑中加多點鹽會讓物件更亮更綠；如果加少一點，外表顏色會比較灰。

③ 鋼材發藍處理

熱鹽發藍與鏽蝕發藍處理是發藍裡最常用的兩個技術。由於產生的煙霧會造成其他金屬生鏽，因此要將物件遠離其他金屬。

利用熱鹽發藍處理時，你需要黑色氧化溶液。將溶液加熱，接著放入金屬浸泡15～30分鐘，確保溶液均勻覆蓋物件。用冷水沖洗、洗刷物件，然後置於滾燙的熱水中，依其大小放置5～30分鐘。將其放入防鏽油（water-displacing oil）中靜置整晚。

鏽蝕發藍處理時，盡可能地先拋磨物件，然後泡在比例1：3的硝酸和水混合溶液中，直到有一層薄薄的紅鏽出現（通常24小時內就有）。一旦生成，將物件放入蒸餾水中煮沸30分鐘，紅色氧化的部分應該會變身，並呈現像黑色天鵝絨的顏色。拿去漬用的鋼絲絨去除氧化物，想刷幾遍都可以。之後浸泡在防鏽油中24小時。

④ 火焰上色處理

利用氧乙炔噴槍加熱銅或鋼，可以達到良好上色效果。嘗試不同的強度與時間，可以得到不同的顏色。就近準備好一桶油，一旦處理好就將金屬淬火。

⑤ 鏽蝕

使用過氧化氫能夠快速在鋼材上達到鏽蝕的結果。依序混合16盎司過氧化氫、2盎司白醋跟½湯匙的鹽。如要營造不平均鏽蝕效果，直接將鏽蝕溶液塗在金屬乾淨的部位，想塗幾次都可以。如要達到較一致的效果，使用浸蝕液來蝕刻金屬並晾乾。重複數次後，再塗上鏽蝕溶液。

密封

完成金屬作品後，塗上一層蠟、油或漆來保護作品來避免氧化。大多數的密封材料，尤其是蠟製品，需要定期重複塗抹——你只要清潔並保持物件乾燥，然後再塗上密封材料。

蠟

蠟尤其適合用來保護暗濁、霧面或是有紋路的表面。任何種類的蠟幾乎都能用。有時候車蠟含有讓車身變亮的添加劑，能夠帶出光滑或火焰色澤的效果。將你的物件加熱到蠟可以均勻黏著於表面並熔化，但也不要過熱，否則蠟會燒乾或是金屬喪失光澤。用刷子沾蠟，或是讓蠟直接在金屬上熔化，然後趁熱用軟的畫筆塗開。當蠟不再出現泡泡，就用水來淬火，最後用軟布擦亮。

沸騰的亞麻仁溶液

將3等份亞麻仁油、2等份松節油和少許油類乾燥劑（oil-drying agent）混合成的液體加熱，用畫筆塗上薄博一層，再抹掉多餘的部分。這個方法需要約一個禮拜才能完工。

聚氨脂與油漆

你可以用0000號鋼絲絨將油漆直接塗在乾燥的金屬上，接著用固蠟擦亮來進行拋光。用噴霧罐直接將聚氨脂噴灑在乾燥的金屬上。在室溫且通風的地方，距離物件8"遠的位置，保持平穩並同方向噴灑，確保完全並均勻覆蓋物件。待15分鐘後，再進行2或3次塗層。◐

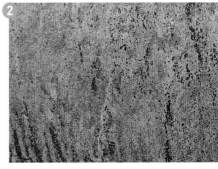

警告：許多處理方式會產生有毒煙霧與腐蝕性的化學物。請穿上個人防護裝備，並在通風良好的地方工作。用鉗子做為緩衝物。不要使用金屬製的容器或器具——它們會影響作品的表面效果。可以選擇玻璃、陶瓷或塑膠材質。

shotsstudio / Adobe Stock, donatas1205 / Adobe Stock, jpbphotographylt / Adobe Stock, lumikk555 / Adobe Stock, mrkyle229 / Flickr, romantsubin / Adobe Stock

倒圓角實驗室
Fab FILLETS

來看看CNC加工中最常見的連接處設計

文：安妮‧菲爾森、蓋瑞‧羅爾巴克、安娜‧卡素納斯‧法蘭絲
譯：Skylar C

安妮‧菲爾森
Anne Filson
建築師、教育家，同時擔任菲爾森與羅爾巴克的共同創辦人，一家建築、設計及研究的公司。

蓋瑞‧羅爾巴克
Gary Rohrbacher
建築師、教授，為菲爾森與羅爾巴克的共同創辦人。

安娜‧卡素納斯‧法蘭絲
Anna Kaziunas France
為《Getting Started with MakerBot》一書共同作者，也是《MAKE：3D Printing》作者。

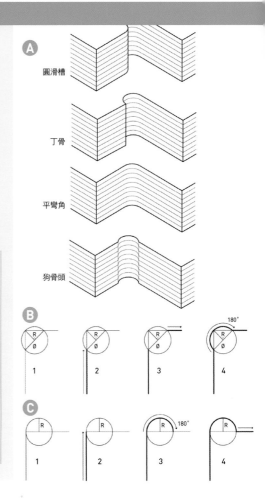

圓角（fillet）是一個讓邊角變圓的特殊設計。談到切割平坦物件時，如果你想要的木工作品剛好貼合，那麼在內角添加圓角就顯得不可或缺。兩種常用的圓角處理方式是**狗骨頭**和**丁骨**（圖**A**），各以其外型而命名。如果在在狹槽的兩側加上狗骨頭，狹槽就會像卡通裡狗骨頭或丁骨的外型。

練習：
如何繪製圓角

要了解圓角運作方式及圓角外觀功能最好的方式，就是自己畫出來。此外，這是製作或調整成專屬自己設計的絕佳練習。趕快開啟你最愛的向量繪圖軟體（例如：SketchUp、Inkscape、Illustrator、VCarve Pro或AutoCAD），並按照說明操作。

狗骨頭和丁骨

狗骨頭和丁骨的圓角非常相似；兩者核心差異在於容納工具直徑的「圓」的擺放位置（相對於你要消除的內角）。

選擇你的工具直徑或∅。 1/4英寸直徑工具最常用於大型但要精細加工的CNC專題。它堅固到能承受切削力，長到能穿過3/4英寸的板材而不會斷裂。（編註：∅唸做fai，意謂圓的直徑）

創造一個比工具直徑大110%的圓。 舉例來說，如果你使用直徑為1/4英寸的工具，你會製造出一個直徑為0.275英寸（7mm）、半徑為0.1375英寸（3.5mm）的圓。

將圓放在內角上。 這就是狗骨頭和丁型骨的不同之處。狗骨頭圓角會將邊角變成圓形，但丁骨把圓向外拉到頂點的一邊。

狗骨頭圓角： 將圓的半徑R與內角的頂點交叉，同時圓的直徑∅和兩邊的邊緣交叉（見圖**B**）。

丁骨圓角： 將圓的直徑∅與內角頂點對齊（見圖**C**）。

將圓併入分模線。 如圖所示，繪製一個圓、創造一條線條，或使用布林運算（Boolean operation）將圓畫入為整體部分。確保有連接線條。

> **注意：** 圓角取決於工具直徑；圓角的尺寸和形狀由用於切割零件的端銑刀的直徑決定。

因為你的工具尺寸已在設計中固定了，所以你必須把圓角稍微畫大一點——比實際工具直徑大110%效果很好。這樣即使草稿需要稍微縮小，端銑刀仍然能安裝在內角上。

Filson and Rohrbacher

Make:
圖解電子實驗進階篇
More Electronics

從探索中學習電子學！

36個圖解實驗，詳細說明
邏輯電路、放大器、感測器和更多電子元件的運作

◎ 從探索嘗試中，一步步提升專題的計算能力！

◎ 36個全彩圖解實驗，步驟、概念清楚易懂！

◎ 提供零件總清單和各實驗的零件清單，讓你方便採購！

電子學並不僅限於電阻、電容、電晶體和二極體。透過比較器、運算放大器和感測器，你還有多不勝數的專題可以製作，也別小看邏輯晶片的運算能力了！

讓《圖解電子實驗進階篇》帶領你走進運算放大器、比較器、計數器、編碼器、解碼器、多工器、移位暫存器、計時器、光條、達靈頓陣列、光電晶體和多種感測器等元件的世界吧！

LITTLEBITS DROID INVENTOR KIT

100美元 shop.littlebits.cc

我一直很愛LittleBits為年輕Maker打造的積木組，所以迫不及待把LittleBits Droid Inventor Kit弄到手，看看它能如何打發我那些年長的姪子。這可是跳脫傳統的暢銷商品呢！他們連下載組裝教學都等不及，早已在動腦筋如何組裝零件。這是目前為止最受歡迎的聖誕節玩具，擁有讓5個小孩（3～18歲）陷入苦戰、玩得開心又能安靜數小時的魔力。每個人都像著魔一般，為了挑美化機器人的貼紙手吵整晚。

LittleBits磁力接頭方便年幼孩童使用，而彩色程式碼能讓年紀較大的孩童一目了然。其壓克力機身堅固，可承受4歲小孩又摟又抱。這群孩子愛死了機器人任務，還認真研究直覺式的Droid Inventor Training應用程式，學習如何控制並管理機器人，儘管有些人礙於不良的通訊覆蓋範圍而作罷。一如LittleBits所有的套件，任何元件皆可交換使用，讓你能不斷從LittleBits生態圈增加元件，為機器人提供更多功能。

——赫普・斯瓦迪雅

INFENTO INVENTOR KIT

400美元 infentorides.com

像樂高這種的模組化玩具其實很棒，但組裝好了通常會束之高閣或淪為垃圾。但Infento套件可就不一樣了——它能讓你打造各種有輪子的交通工具，變身日常代步工具。Inventor Kit有八種不同的組裝方式，從基本的滑板車，到擁有鏈驅動及圓盤式煞車的線條流暢三輪腳踏車都有。鋁擠型架構算堅固，但好處是心血來潮就可以將其任意重組。

——麥克・西尼斯

LITTLEARM 2C

99美元起 ugears.us

LittleArm 2C 是精巧簡單的機械手臂套件。它早已備齊所有你需要的零件，包括 Arduino、伺服機及塑膠元件。簡易的操作手冊讓組裝十分容易──像我只花不到一小時就完成了。

但別指望它能有世界級的力道或精準度。上面配備的迷你伺服馬達常常無法流暢或精準動作，稍重的東西都舉不起來。但 Littlearm 2C 也不是主打馬力和精準度，所以這並不意外。

其內建的應用程式可透過藍牙遙控。使用者甚至可以記錄並重播機械手臂的動作。整體而言，玩玩還不賴，但不適合用於專題中。

──卡里布・卡夫特

UGEARS HURDY-GURDY

70美元起

ugears.us

手搖琴是弦樂器的一種，轉動樂器上的手柄，輪子就會摩擦琴弦，就像用琴弓摩擦小提琴發聲的原理，彈奏者再按下音鍵以選擇要彈奏的音符。

Ugears 滿足你製作功能性樂器的任何需求。雖然音色不是最棒的，但至少能發揮其用。如果你對組裝雷射切割的作品有興趣，這套 292 塊零件組堪稱大師級的雷射切割設計。過程需要密集組裝，但當你聽到它發出第一個聲響時，這點時間是值得的。

──麥特・史特爾茲

POLYSHER

300美元起

polymaker.com

3D列印元件常要花上數小時打磨、填充甚至是修邊，才能達到射出成型物件的光滑表面。但現在 Polymaker Polysher 提供了更簡單安全的方法，讓我們擁有拋光且乾淨的列印元件。

Polysher 的系統分成兩個部分。首先，用 PolySmooth 列印物件，這種特殊線材會溶解於異丙醇，就如 ABS 溶解於丙酮。接下來，將列印成品置於密閉的 Polysher，它會利用噴霧器噴灑酒精，並緩慢旋轉列印成品，以確保噴灑均勻。這套系統完全自動化又容易使用。正面的大旋鈕以5分鐘為噴霧的時間間隔，一旦噴霧完成，風扇會將酒精噴霧蒐集儲存，供下次使用。

起初以 Kickstarter 群眾募資起家，現今的 Polysher 與 PolySmooth 隨處皆可購得──像我就是在 MatterHacker 購入，用其線材列印的成品效果很棒。我花了20分鐘完成作品的第一道拋光作業，並欣賞那透明隔窗的內室充滿霧氣。過程有些微酒精氣味，但那遠不及我打開瓶子時不小心灑到地上的氣味。列印成品光滑又透亮，但仍看得出一些層疊線條。進行第二次噴灑就能幾乎搞定。如果你得時常擁有光滑的列印成品，Polysher 可以讓你省下數小時的苦力，是個絕對值得入手的產品。

──麥特・史特爾茲

SHOW& &TELL

這些讓人驚豔的作品都來自於像你一樣富有創意的Maker

自造一半的樂趣來自於分享你做了什麼。想成為這裡的一份子嗎？快將你的專題分享至makershare.com，或在Instagram上面用#makemagazine標註我們。

文：喬登・拉米
譯：敦敦

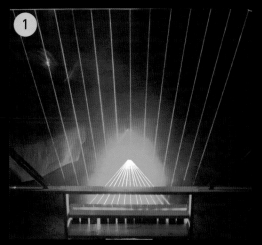

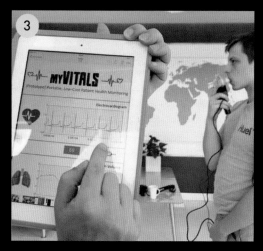

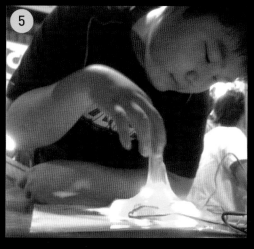

❶ 強納森・巴姆斯泰德（Jonathan Bumstead）設計了雷射豎琴，當樂師的手通過雷射光束時，會發出不同的音符。makershare.com/projects/midi-laser-harp

❷ 朱利歐・安立奎・里托・巴斯克斯（Julio Enrique Rito Vázquez）設計了這個連接器，讓玩家只要用單手就能操控兩支Joy-Con遙控器上的任何按鈕及搖桿。makershare.com/projects/single-hand-joy-con-adapter

❸ 米科拉伊「尼克」・莫羅斯札克（Mikolaj "Nick" Mroszczak）製作的myVitals，是一個低成本、可網路連線的可攜式醫療裝置。他只花不到一個禮拜就完成了！makershare.com/projects/myvitals-medical-monitor-information-ag

❹ 雨果・皮特斯（Hugo Peeters）為了電玩遊戲《坎巴拉太空計劃》（Kerbal Space Program）設計了這個操控臺，好讓他控制遊戲中的太空船。makezine.com/2018/01/25/kerbal-custom-console

❺ 這些令人一玩再玩的史萊姆燈，內部裝了特殊LED燈條，是由**The SIProp Team**團隊所創作。這些燈可以任意擠壓並拉長成各式形狀。makershare.com/projects/siprop-all-led-project

❻ **Ejects Jewelry**結合了過氣的光碟片與充滿藝術感的雷射切割壓克力，設計出復古未來風格的時尚配件。ejectscollection.com